Manfred Ehlers, Jochen Schiewe

Geoinformatik

Geowissen kompakt

Herausgegeben von
Bernd Cyffka und Jürgen Schmude

Begründet von
Hans-Dieter Haas

Manfred Ehlers, Jochen Schiewe

Geoinformatik

Die Deutsche Nationalbibliothek verzeichnet diese Publikation
in der Deutschen Nationalbibliografie;
detaillierte bibliografische Daten sind im Internet über
http://dnb.d-nb.de abrufbar.

Die Herausgabe des Werkes wurde durch
die Vereinsmitglieder der WBG ermöglicht.
Satz: Lichtsatz Michael Glaese GmbH, Hemsbach
Einbandgestaltung: schreiberVIS, Bickenbach
Gedruckt auf säurefreiem und alterungsbeständigem Papier
Printed in Germany

Besuchen Sie uns im Internet: www.wbg-wissenverbindet.de

ISBN 978-3-534-23526-1

Elektronisch sind folgende Ausgaben erhältlich:
eBook (PDF): 978-3-534-72826-8
eBook (epub): 978-3-534-72827-5

Inhalt

1 Einführung

Geoinformatik im Alltag

Die meisten Menschen sind bereits mit Geoinformatikanwendungen und -entwicklungen in Kontakt gekommen, allerdings zumeist ohne diesen Bezug zu kennen. Sei es, dass sie einen Ort unter *Google Maps* gesucht haben, sei es, dass sie ein Navigationssystem im Auto benutzten oder von der *Tagesschau* durch aktuelle Satellitenbilder über eine Naturkatastrophe informiert wurden. Grundlage aller dieser Anwendungen sind Geoinformationen, d.h. Informationen, die sich auf unsere Erde beziehen. Geoinformationen gab es natürlich schon in den Vor-Computerzeiten: Karten, Pläne und Luftbilder stellen ebenfalls Geoinformationen dar, die wir aus Atlanten, Reisekarten oder Luftbildplänen kennen. Heute werden diese Geoinformationen allerdings zum überwiegenden Teil digital erzeugt, im Computer verarbeitet und per Internet verbreitet. Zur Bearbeitung von digitalen Geoinformationen werden spezielle Algorithmen und Softwaresysteme eingesetzt. Die Disziplin, die die Software für die Verarbeitung von Geoinformationen entwickelt, nennen wir *Geoinformatik*.

Interdisziplinäre Anwendungen

Die Geoinformatik besitzt viele interdisziplinäre Wurzeln. Unterschiedliche Disziplinen benötigen für ihr Fachgebiet Geoinformationen, um eine bestimmte Fragestellung bearbeiten zu können. In der Anfangsphase der Entwicklung zur Geoinformatik standen konkrete technische Anwendungen im Vordergrund. So suchten beispielsweise kanadische Forstwissenschaftler Methoden, ihre Riesensammlung analoger Forstkarten in Rechnern zu verwalten und ließen dabei das erste funktionierende Geographische Informationssystem (GIS) entwickeln. Kartographen entwickelten Algorithmen, um analoge Kartenprinzipien zur Generalisierung in digitale Formate umzusetzen, Geographen versuchten analoge Überlagerungen von thematischen Inhalten digital zu modellieren, Landvermesser ersetzten ihre hochentwickelten mechanischen Geräte durch geodätische Software. Dieses sind nur einige ausgewählte Beispiele, die zeigen, wie wissenschaftliche Disziplinen sich einerseits neue Werkzeuge zu Nutze machen und andererseits dadurch gezwungen sind, ihr traditionelles Konzept weiterzuentwickeln. Allen Disziplinen war gemein, dass sie sich auf Entwicklungen stützten, die aus dem Gebiet der *Informatik* stammen.

Historische Entwicklung

Zunächst wurden diese Informatikwerkzeuge bei der Entwicklung von Systemen zum Umgang mit Geoinformationen als reine Hilfswerkzeuge benutzt. Das erste Geographische Informationssystem, welches in den 1960-er Jahren in Kanada zum Umgang und zur Speicherung von Forstkarten entwickelt wurde (s.o.), lief an einem Großrechner, besaß viele Kinderkrankheiten und konnte nur von Experten bedient werden. Dennoch erhielt die Entwicklung der Geoinformatik viele Anstöße aus den Erfahrungen beim Aufbau und im Umgang mit dem *Canadian GIS*. Aus den Forschungslaboren der Universitäten, insbesondere in den USA (z.B. *Harvard Graphics Lab*), wurden Entwicklungen angestoßen, die nicht nur die Grundlage für die wissenschaftliche Disziplin Geoinformatik legten, sondern auch für die kommerziell erfolgreiche Entwicklung Geographischer

Informationssysteme, deren Siegeszug zunächst nur durch die teure Hardware und extreme Entwicklungskosten in der Software aufgehalten wurde. Grundlage für die Entstehung einer neuen wissenschaftlichen Disziplin legte insbesondere das US-amerikanische *National Center for Geographic Information and Analysis* (NCGIA), welches Ende der 1980-er Jahre von der *National Science Fundation* (NSF) als Forschungsverbund der *University of California at Santa Barbara* (UCSB), der *State University of New York* (SUNY) in Buffalo und der *University of Maine* geformt wurde. Mit zahlreichen Forschungsinitiativen leitete das NCGIA erstmals eine wissenschaftliche Behandlung des Umgangs mit Geoinformationen ein.

Technische Entwicklungen

Ohne den technischen Fortschritt wären alle Anstrengungen zur Entwicklung der Geoinformatik hin zu einer anerkannten Wissenschaft wahrscheinlich fruchtlos geblieben. Erst die extremen Steigerungen der Leistungsfähigkeit von Personalcomputern und die Fortschritte in der digitalen Speichertechnik führten dazu, dass heutzutage Computersysteme zum Umgang mit Geoinformationen von allen genutzt werden können. Den endgültigen Durchbruch bewerkstelligte die technische Entwicklung des Internets, die es ermöglicht, auf große Datenmengen zurückzugreifen und sie über das Internet herunterzuladen bzw. zu visualisieren. John E. Estes, einer der Pioniere in der Entwicklung von Geographischen Informationssystemen formulierte es so: „GIS is an overnight success that took 20 years" (ESTES, 1991; persönliche Mitteilung).

Öffentlichkeit und Geoinformatik

Die vollständige Akzeptanz der Geoinformatik (allerdings ohne dass dieser Begriff in der Öffentlichkeit genannt wurde) kam mit der Entwicklung von Geobrowsern wie *Google Earth*. Die Erdkugel mit Echtfarben-Fernerkundungsbildern bot ein dermaßen attraktives und intuitives Interface, dass *Google* derzeit behaupten kann, die Nutzer von *Google Earth* seien die drittgrößte Bevölkerungsgruppe auf dem Planeten nach China und Indien. Dass Geobrowser und internetbasierte Mapping-Systeme etwas mit Geoinformationen oder Geodaten zu tun haben, drang allerdings erst ins Bewusstsein der Öffentlichkeit, als es zum Thema *Google Street View* einen von der deutschen Bundesregierung initiierten Gesprächsaustausch mit den Anbietern von Geodatendiensten gab (siehe Abschnitte 4.7 und 4.8). Das etwas sperrige Wort Geodatendienste steht für die Services, die dem Nutzer über das Internet Zugriff auf Geoinformationen ermöglichen. Wir sind es gewohnt, bei Kartenservices zur Routenplanung zwischen Karten- und Satellitenansicht wechseln zu können, als potenzielle Käufer wollen wir uns Bauplätze im Internet ansehen, für unsere touristische Planung betrachten wir interaktive digitale Stadtpläne und lassen uns Verkehrsverbindungen für den öffentlichen Nahverkehr ausgeben. Wollen wir ausgehen, hilft uns ein Kartenservice, der die Lage des ausgewählten Restaurants anzeigt und dazu passend das Tagesmenü und die Bewertungen von früheren Kunden präsentiert.

Neben den kommerziellen und freien Kartenservices existieren staatliche *Geodateninfrastrukturen* (siehe Abschnitt 4.8), die nach EU-Direktiven auch für die Bürger zur Verfügung stehen sollen und nicht nur für Regierungen und Verwaltungsapparate. Ein sehr großes Entwicklungspotenzial besitzen mobile Geoinformatik-Anwendungen, die so genannten *location based services*. Schätzungen besagen, dass über 50 % der Entwicklungen bei *Apps* für Smartphones einen Geobezug besitzen. Anwendern (und auch Programmierern) ist oftmals gar nicht bewusst, dass sie Geoinformatik-Techniken nutzen und entwickeln. Dadurch kommt es immer wieder vor, dass „das Rad neu erfunden" wird. Ein konsequenter Erfahrungsaustausch innerhalb der Disziplin ist daher notwendig, um Doppelentwicklungen zu vermeiden und noch schnellere Fortschritte zu erzielen. Der rasante technologische Fortschritt hat unter anderem auch dazu geführt, dass die wissenschaftlichen Entwicklungen hinter der Technik zurücklagen. Erst seit dem Ende der 1990-er Jahre gibt es erfolgreiche Bestrebungen, Grundlagen für die neue wissenschaftliche Disziplin Geoinformatik zu entwickeln. Der Erfolg dieser Entwicklungen kann daran abgelesen werden, dass an deutschen Hochschulen die Geoinformatik zum Teil als eigenständiges Studienfach, zum Teil als eigenständiges Lehrgebiet innerhalb eines anderen Studienfaches Einzug gehalten hat. Diese Entwicklungen greift unser Textbuch auf, das den Studierenden und Lesern einerseits eine kompakte Vermittlung von Grundlagewissen über die Geoinformatik ermöglicht, andererseits auch ein Überblick über ihre Anwendungsmöglichkeiten bietet.

Ein abschließender Hinweis: Dieses Buch verfolgt das Ziel einer kompakten Vermittlung des Grundlagenwissens zur Geoinformatik und ihrer Anwendungsmöglichkeiten. Es enthält mit Absicht wenig technische Details zu Hard- und Software, sondern verfolgt einen konzeptionell-methodischen Ansatz. Zur Vertiefung werden immer wieder Hinweise auf weiterführende Literatur gegeben, diese sind in der Randspalte mit dem Symbol ➲ gekennzeichnet.

2 Begriffe und Definitionen

2.1 Geoinformationen und Geodaten

Bedeutung von Geodaten und Geoinformationen

Die Notwendigkeit des Wandels unserer Gesellschaft von der Industriegesellschaft zur Wissens- und Informationsgesellschaft ist allenthalben bekannt. Wissen auch in Form raumbezogener Informationen (oder kurz: *Geoinformationen*) über das staatliche Territorium und seine Ressourcen zu sammeln und zur Wahrnehmung hoheitlicher Aufgaben sowie für wirtschaftliche, politische und auch persönliche Entscheidungsprozesse bereitzustellen, stellt eine wichtige Aufgabe dar. Der Wert von Geoinformationen hat ein hohes Marktpotenzial und der wirtschaftliche Nutzen spiegelt sich bereits heute in vielen Anwendungen wider. Die Bedeutung des „Rohstoffs" für die Geoinformationen – den *Geodaten* – nimmt daher immer weiter zu und dient als Grundlage für raumbezogene Entscheidungen in Bereichen der Immobilienwirtschaft, Funknetzplanung, Fahrzeugnavigation, Versicherungswirtschaft oder auch der regionalen Planung von Leitungen, Gewerbestandorten und Absatzplanungen in regionalen und überregionalen Bereichen. Bereits in den 1980-er Jahren wurde in einer Untersuchung der *Municipality of Burnaby* in British Columbia, Kanada, berichtet, dass 80 bis 90 % aller entscheidungsrelevanten Informationen einen Raumbezug besitzen (Huxhold, 1991).

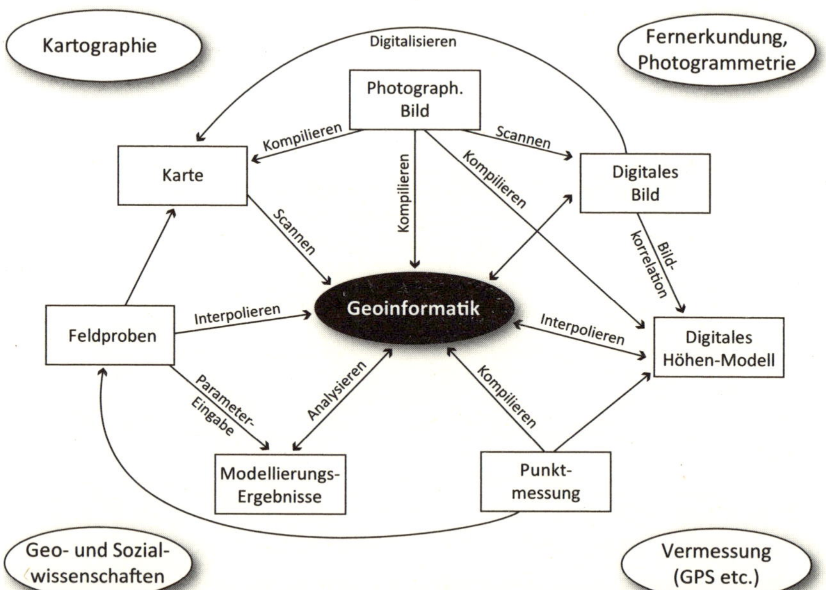

Abb. 2-1: Die zentrale Rolle der Geoinformatik in der Integration, Speicherung und Verarbeitung von heterogenen Geodatenquellen (nach Ehlers, 1993)

Die umfangreichen, insbesondere im öffentlichen Bereich aufgebauten Datenbestände (Vermessungs- und Katasterdaten sowie kommunale Geodaten) sind jedoch nicht ausschließlich für die Verwaltung von Interesse, vielmehr ist die Verfügbarkeit öffentlicher Geoinformation zu einem wichtigen Instrument der Standort- und Wirtschaftsförderung geworden. Mit dem Wirtschaftsgut Geoinformation können neue Einnahmequellen erschlossen werden. Dabei spielt zum einen die schnelle und aktuelle Verfügbarkeit von Geodaten eine ähnliche Rolle wie die Verkehrsinfrastruktur für das Transportwesen. Zum anderen ist es erforderlich, Fachleute zum Umgang mit Geoinformationen auszubilden, die die Werkzeuge zum Umgang mit diesen Daten auf wissenschaftlichem Niveau gelernt haben. Dieses Handwerkzeug liefert die Geoinformatik, eine junge und innovative Disziplin, welche die Methodik zum Umgang mit Geoinformation entwickelt. Abb. 2-1 spiegelt die integrative Funktion der Geoinformatik bei der Verarbeitung heterogener Geodatenquellen wider.

EVAP-Modell

So wie die Informatik die Wissenschaft von der systematischen Verarbeitung von Informationen, insbesondere der automatischen Verarbeitung mit Hilfe von Rechenanlagen, darstellt, so ist die Geoinformatik die Wissenschaft von der systematischen Verarbeitung von Geoinformationen, insbesondere der automatischen Verarbeitung mit Hilfe von Rechenanlagen. Sie bildet damit die gesamte Palette der *Eingabe (E), Verwaltung (V), Analyse (A)* und *Präsentation (P)* von Geoinformation als „Computerwissenschaft" ab. Dieses Textbuch wird konsequent dem EVAP-Modell der Geoinformationsverarbeitung folgen (vgl. Kapitel 3 bis 6).

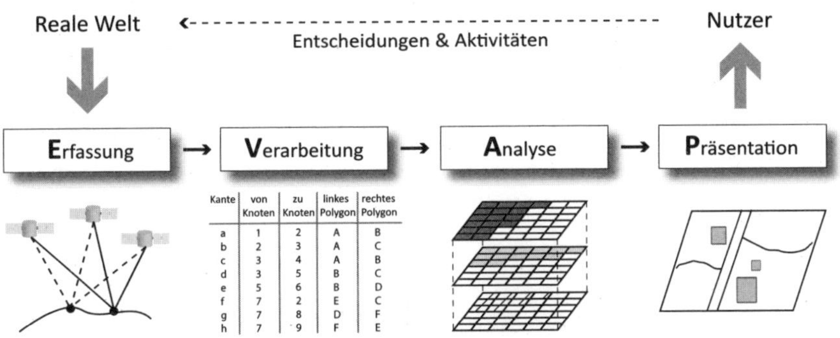

Abb. 2-2: Das Verarbeitungsmodell (EVAP) in der Geoinformatik

2.2 Geoinformatik

Definition

Die Geoinformatik ist die Disziplin zur Entwicklung und Anwendung von Methoden und Konzepten der Informatik zur Lösung raumbezogener Fragestellungen unter besonderer Berücksichtigung des räumlichen Bezugs von Informationen. Die Geoinformatik beschäftigt sich mit der Erhebung oder Beschaffung, Modellierung, Aufbereitung, Analyse, Präsentation und Verbreitung von Geoinformationen. Sie verkörpert die Schnittstelle zwischen den virtuellen Computerwelten und der realen Welt durch den Raumbezug. Die Geoinformatik ist damit in ihrer Gesamtheit nicht Teil der Geographie, Geodäsie oder der Informatik, sondern eine eigenständige wissenschaftliche Disziplin.

Andere Benennungen wie *Geomatik, Geographische Informationswissenschaft, Geoinformationswesen* oder *Geoinformationstechnik* existieren zwar ebenfalls im deutschsprachigen Raum, haben sich allerdings nicht im allgemeinen Sprachgebrauch durchsetzen können. Zum einen erweisen sich Konstrukte wie „Geographische Informationswissenschaft" als zu sperrig, zum anderen stellt die Assoziation „Geoinformatik/Geoinformation" eine leicht nachzuvollziehende Analogie zu „Informatik/Information" her: Die Geoinformatik verhält sich zur Geoinformation wie die Informatik zur Information.

Internationaler Sprachgebrauch

Es gilt allerdings anzumerken, dass diese Allegorie nicht für den internationalen Kontext gilt. Im englischsprachigen Raum heißt es *Computer Science* und nicht *Informatics,* sodass hier der Begriff *Geoinformatics* zwar ebenfalls existiert, aber eher eine Minderheit gegenüber *Geomatics, Geospatial Engineering, Geospatial Science* oder *Geographic Information Science* darstellt. Besonders der letzte Begriff, häufig abgekürzt durch *GI-Science,* dürfte als Standard im englischen Sprachraum gelten. Dies mag auch darauf beruhen, dass gerade in den angelsächsischen Ländern das Fach Geographie sehr viel stärkeren Anteil an der Entwicklung der Geoinformatik besitzt als in Deutschland. In den frankophonen Ländern sind die Begriffe *Géomatique* und *Sciences de l'Information Géographique* in etwa gleichgewichtig.

Durch die Vielfalt der Begriffe erscheint die Geoinformatik leider noch immer sehr zersplittert, eine Tatsache, die durch ihre breite Anwendbarkeit und die heterogene Herkunft noch verstärkt wird. Trotz allem setzt der Begriff Geoinformatik sich im deutschsprachigen Raum immer mehr durch, was zu einer besseren Wahrnehmung und größeren Akzeptanz dieser Disziplin führt.

Geoinformatik und GIS

Die Verwechslung der Geoinformatik mit ihrem Hauptwerkzeug, den Geographischen Informationssystemen (GIS), tritt sehr häufig auf. Allerdings scheint es so, dass mit der Attraktivität und der wachsenden akademischen und politischen Bedeutung der Geoinformatik die Debatte um „Werkzeug" vs. „wissenschaftliche Disziplin" nur noch randständig geführt wird. Allerdings ist gleichzeitig ein „Herkunftsstreit" entbrannt, bei dem die Geoinformatik – je nach Sichtweise – als Teilgebiet der Geographie, der Informatik oder der Geodäsie reklamiert wird. Tatsache ist, dass der interdisziplinäre Ansatz verschiedenartige Ausprägungen begünstigt, die folgerichtig in heterogene Definitionen münden. Dazu kommt eine starke Anwendungsorientiertheit der Geoinformatik, die einerseits positiven Anschub für die Disziplin liefert, andererseits aber auch einer allseits akzeptierten Anerkennung als eigenständiger Wissenschaft im Weg steht.

Betrachtet man aus der Sicht verschiedener Disziplinen die Wahrnehmung der Geoinformatik, so fällt auf, dass – je nach Herkunft – die Geoinformatik als Erweiterung von existierenden raumbezogene Technologien gesehen wird. So werden z.B. Computer-Aided Design/Drafting (CAD), Kartographie, digitale Bildverarbeitung, Datenbankmanagementsysteme (DBMS) oder auch die Fernerkundung genannt (Abb. 2-3).

Geoinformatik als wissenschaftliche Disziplin

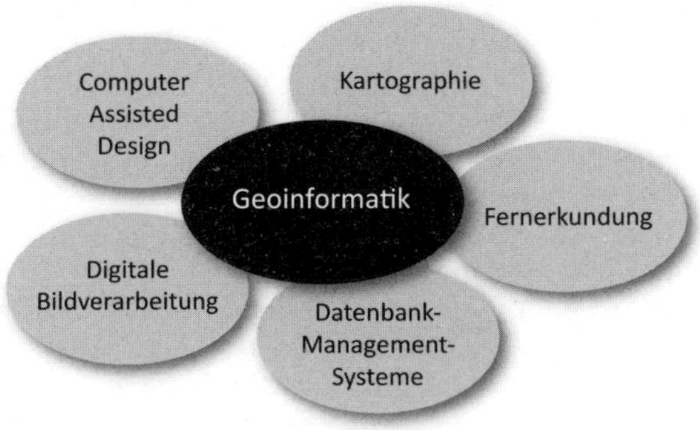

Abb. 2-3: Zusammenhänge zwischen raumbezogenen Technologien

Betrachtet man pragmatisch-wissenschaftstheoretisch, was eine neue wissenschaftliche Disziplin ausmacht, so gelten nach Dollinger (1989) die folgenden Prinzipien:

- Eigene wissenschaftliche Zeitschriften
- Eigene Lehrstühle
- Eigene Lehrbücher
- Eigene wissenschaftliche Konferenzen
- Eigene wissenschaftliche Vereinigungen
- Akzeptanz des Namens in der Öffentlichkeit
- Internationalität des Begriffes
- Eigene Studiengänge

Fast alle Bedingungen sind von der Geoinformatik im Verlauf des letzten Jahrzehnts auch in Deutschland erfüllt worden. So gibt es eigene Lehrstühle an etlichen Universitäten, Geoinformatik-Lehrbücher (z.B. de Lange, 2005; Bartelme, 2005), sogar ein Geoinformatik-Lexikon (Bill & Zehner, 2001). Der Name ist nicht nur akzeptiert, er ist sogar so positiv besetzt, dass viele Disziplinen versuchen, sich durch „Anhängen“ dieses Namens eine gesteigerte Attraktivität zu verschaffen. Die Neuorientierung der Zeitschrift *Geo-Informations-Systeme* in *GIS.Science* spiegelt die Entwicklung von einer technischen zur wissenschaftsorientierten Sicht wider. Eine große Anzahl von neuen Studiengängen mit Namen wie Geoinformatik, Geomatik, Geoinformationswesen, Geoinformationstechnik, Geoinformation oder GIS mag auf den ersten Blick verwirrend wirken, dokumentiert allerdings auch die Versuche, die Geoinformatik für ein bestehendes Fachgebiet zu reklamieren. Die Internationalität des Begriffes ist eines der wenigen Kriterien, die nicht vollständig erfüllt werden, da im internationalen Raum Begriffe wie *Geomatique, Geoinformatics* oder *Geographic Information Science* benutzt werden. Allerdings besteht bei den beteiligten Wissenschaftlern kein Zweifel, dass alle Begriffe dieselbe Disziplin beschreiben. Auch die Fächer *Informatik* und *Computer Science* können mit zwei verschiedenen Begriffen erfolgreich umgehen, sodass der Mangel an Internationalität des Begriffes keine Auswirkungen auf die Entwicklung der Disziplin haben dürfte. Mit der Gründung einer wissenschaftlichen Gesellschaft für Geoinformatik (GfGI) wurde das letzte noch ausstehende Kriterium für den deutschen Sprachraum erfüllt.

Herkunft und Selbstverständnis

Bereits im Jahr 1990 lieferten Gagnon & Coleman eine Definition für das interdisziplinäre Fachgebiet *Geomatics*: „Geomatics is the science and technology of gathering, analyzing, interpreting, distributing and using geographic information. Geomatics encompasses a broad range of disciplines that can be brought together to create a detailed but understandable picture of the physical world and our place in it. These disciplines include surveying, mapping, remote sensing, geographic information systems (GIS) and global positioning system (GPS)." (Gagnon & Coleman, 1990). Diese und weitere Initiativen in Kanada führten zur Einrichtung des „Canadian Institute for Geomatics", welches das ehemalige „Institute for Surveying and Mapping" ersetzte.

In Deutschland veröffentlichte die Zeitschrift *Geo-Informations-Systeme* 1993 den ersten Aufsatz zur Geoinformatik, in dem die Geoinformatik ausgehend von den Wurzeln GIS, Fernerkundung, Photogrammetrie und Kartographie definiert wurde als „art, science or technology dealing with the acquisition, storage, processing, production, presentation, and dissemination of geoinformation" (Ehlers, 1993). Auch hier war der Einfluss der tradierten Vermessungsdisziplinen noch stark erkennbar.

Diese Herkunft wird in neueren Definitionen stark erweitert. So ist nach Wikipedia im Jahr 2011 die Geoinformatik „[...] die Lehre von Wesen und Funktion geografisch-raumbezogener Information (Geoinformation) und ihrer Bereitstellung in Form von Geodaten. Sie bildet die wissenschaftliche und datentechnische Grundlage für Geoinformationssysteme (GIS). Allen Anwendungen der Geoinformatik gemeinsam ist der eindeutige Raumbezug. Geodaten speichern zum Zweck der Informationsgewinnung strukturierte codierte Angaben zur quantitativen und qualitativen Beschreibung von natürlichen oder definierten Objekten der realen Welt. Die Geoinformatik beschäftigt sich mit der rechnergestützten Auswertung der gespeicherten (Geo-)Information über bestimmte (mathematische) Regeln und Anweisungen, die die codierten Angaben über die Erde deuten". Man vergleiche dies mit der noch weitaus enger gefassten Definition in Wikipedia aus dem Jahre 2006: „Geoinformatik [ist] die Lehre des Wesens und der Funktion der Geoinformation und ihrer Bereitstellung in Form von Geodaten. Sie bildet die wissenschaftliche Grundlage für geographische Informationssysteme (GIS). Allen Anwendungen der Geoinformatik gemeinsam ist der Raumbezug. Ähnlich wie die Bioinformatik, Umweltinformatik, Wirtschaftsinformatik ist sie eine interdisziplinäre Wissenschaft. Sie verknüpft die Informatik mit den Geowissenschaften. Die drei Hauptaufgaben der Geoinformatik sind: Entwicklung und Management von Geo-Datenbanken, Analyse und Modellierung der Daten, Entwicklung und Integration der Werkzeuge und Software für ebendiese Aufgaben."

Man erkennt deutlich, dass sich die Definition gegenüber 2006, als sie noch als die „Wissenschaft hinter GIS“ galt, deutlich erweitert hat, aber auch detail- und kenntnisreicher in einem allgemein-wissenschaftlichen Medium dargestellt wird. Die Verknüpfung von Informatik mit Geowissenschaften bzw. Geodäsie reflektiert die Entwicklung der Disziplin, deren verbreiterte Einsatzmöglichkeiten sich folgerichtig in eine Ausweitung der Definition umsetzten. Geoinformatik löst keine der etablierten Disziplinen ab, sondern erlebt eine Loslösung aus den Herkunftsfeldern, eine Entwicklung, die vergleichbar ist mit der Loslösung der Informatik (Kunstwort aus Information und Mathematik) aus der Mathematik in den 1970-er Jahren. Sie ist im Begriff, sich als neue und innovative Wissenschaft im internationalen und deutschsprachigen Raum zu etablieren.

3 Erfassung von Geodaten

Geodaten weisen eine Reihe spezieller Eigenschaften auf, die bereits bei ihrer Erfassung zu beachten sind. Neben ihrer Komplexität bzw. Merkmalsvielfalt (Geometrie, Thematik, Topologie, Zeit) ist die räumliche Verortung eine spezifische Besonderheit. Hierfür sind Koordinatensysteme notwendig, die sich allerdings aufgrund der unregelmäßigen, dreidimensionalen Erdfigur nicht einfach erzeugen lassen (Abschnitt 3.1). Weiterhin besteht in der Regel das Problem, dass eine räumlich vollständige, „lückenlose" Erfassung von Daten aufgrund der Größe der (topographischen) Objekte, der Aufnahmeverfahren und letztlich der Wirtschaftlichkeit nicht möglich ist. Daher ist eine sinnvolle räumliche Verteilung von ausgewählten raumbezogenen Stichprobendaten (i.d.R. Punkten, Zellen) zu gewährleisten (*Sampling,* Abschnitt 3.2). Die Komplexität bzw. Variabilität der Geodaten bedingt auch verschiedene bzw. kombinierte Techniken der Erfassung (Abschnitt 3.3). Diese Techniken liefern Rohdaten, die vor dem weiteren Gebrauch oft noch aufbereitet werden müssen. Beispielsweise sollen fehlerhafte Daten eliminiert oder die Datensätze ausgedünnt bzw. verdichtet werden (Abschnitt 3.4). Um die Eignung der erfassten Geodaten für gegebene Anwendungen abschätzen zu können, ist grundsätzlich auch immer ihre Qualität zu betrachten (Abschnitt 3.5). Abschließend werden in diesem Kapitel Zuständigkeiten für die Erfassung von Geodaten beschrieben (Abschnitt 3.6).

3.1 Raumbezug

Voraussetzung für räumliche Analysen ist die Beschreibung der Positionen von Geoobjekten oder ihrer Bestandteile mit Hilfe von Koordinaten. Dieser Prozess, der auch als *Georeferenzierung* bezeichnet wird, kann zum einen in ebenen (2D) Systemen erfolgen (Abschnitt 3.1.1). Wenn andererseits die dreidimensionale Erdfigur berücksichtigt werden soll oder Höhen über der Geländeoberfläche oder einer anderen Bezugsfläche von Interesse sind, werden räumliche (3D) Systeme verwendet (3.1.2). Oft stammen Daten aus verschiedenen Quellen mit verschiedenen Koordinatensystemen, sodass Transformationen zwischen diesen notwendig werden (3.1.3).

3.1.1 2D-Koordinatenysteme

Ebenes Koordinatensystem

Beschreibt man Geoobjekte in der Ebene, verwendet man in der Regel ein metrisches und rechtwinkliges (auch: kartesisches) Koordinatensystem. Zu beachten ist hierbei, dass die Bezeichnung der Koordinatenachsen variieren können: So werden gegenüber dem klassischen mathematischen System (Rechtsachse = „x“, Hochachse = „y“) im geodätischen System die Achsennamen vertauscht. Verwendet man Rasterdaten (z.B. digitale Bilder), kann der Ursprung auch links oben liegen und die Achsen nach rechts (x) bzw. unten (y) zeigen.

Verzerrungen

Bei der Verwendung von ebenen Koordinatensystemen ist zu beachten, dass eine völlig verzerrungsfreie Abbildung von Strecken, Winkeln und Flächen von der unregelmäßigen 3D-Erdoberfläche in die Ebene nicht möglich ist. Für kleinere Gebiete mit wenigen Kilometer Ausdehnung sind diese Abweichungen, die aus der Erdkrümmung resultieren, allerdings vernachlässigbar gering, sodass hierfür ein lokales, ebenes System ohne signifikante Genauigkeitsverluste benutzt werden kann.

3.1.2 3D-Koordinatensysteme

Geodätisches Datum

Da die Erde eine unregelmäßige, dreidimensionale Oberfläche darstellt, behilft man sich für dessen Beschreibung mit mathematisch eindeutig zu definierenden 3D-Näherungskörpern. Eine Kugel ist aufgrund der Abplattung der Erde nur für globale Betrachtungen geeignet. Daher wird in der Regel ein *Ellipsoid* verwendet, das durch die Drehung einer Ellipse (mit den Halbachsen a und b) um die Hochachse entsteht.

Um die regional unterschiedlichen Abweichungen der realen Erdoberfläche vom Näherungskörper zu berücksichtigen, werden viele unterschiedliche Ellipsoide definiert, die nicht nur in der Form (d.h. ihren Halbachsen) variieren, sondern auch so verschoben, gedreht oder skaliert werden, dass sie sich in der jeweiligen Region an die reale Erdfigur möglichst gut anpassen. Die komplette Beschreibung von Form, Position, Orientierung und Skalierung eines Ellipsoids wird als *geodätisches Datum* bezeichnet. Ein Beispiel hierfür ist das *Potsdam-Datum* (auch als *Deutsches Hauptdreiecksnetz, DHDN*, oder Rauenberg-Datum bezeichnet), das heute noch in der amtlichen deutschen Vermessung in Gebrauch ist und das Bessel-Ellipsoid von 1841 als Grundlage hat (siehe auch Abschnitt 3.1.3). Noch aus den Zeiten der ehemaligen DDR stammt das einheitliche System der osteuropäischen Länder mit der Kurzbezeichnung *„S42/83“*, welches das Krassowsky-Ellipsoid verwendet.

➲ www.crs-geo.eu

Neben diesen lokalen Festlegungen gibt es aber auch ein *globales Datum*, dessen Ellipsoid-Ursprung im Erdmittelpunkt liegt und das u.a. für die weltweite satellitengestützte Positionsbestimmung (z.B. für das GPS; Abschnitt 3.3.1) von Bedeutung ist. Das *International Terrestrial Reference System (ITRS)*, das prinzipiell mit dem *World Geodetic System 1984 (WGS84)* sowie dem *Geodetic Reference System 1980 (GRS80)* übereinstimmt, ist aufgrund der plattentektonischen Bewegungen allerdings nicht stabil, sodass es ständig neue Parametersätze gibt. Der Zustand vom 1.1.1989 bildet die Basis für das *European Terrestrial Reference System 1989 (ETRS89)*, das aufgrund der Stabilität der eurasischen Kontinentalplatte nur in größeren Zeitabständen aktualisiert werden muss. Die absoluten Abweichungen zwischen ITRS und ETRS89 betragen derzeit weniger als einen Meter, was lediglich für hochgenaue Vermessungen (z. B. für das Kataster) berücksichtigt werden muss. Das dem ITRS bzw. ETRS89 zugrunde liegende Ellipsoid wird auch als *GRS80 (Geodetic Reference System, 1980)* oder *WGS84* bezeichnet. Abb. 3-1 zeigt den Zusammenhang zwischen dem globalen und einem lokalen Datum und nennt die Transformationsparameter für die o. g. Systeme Potsdam und S42/83.

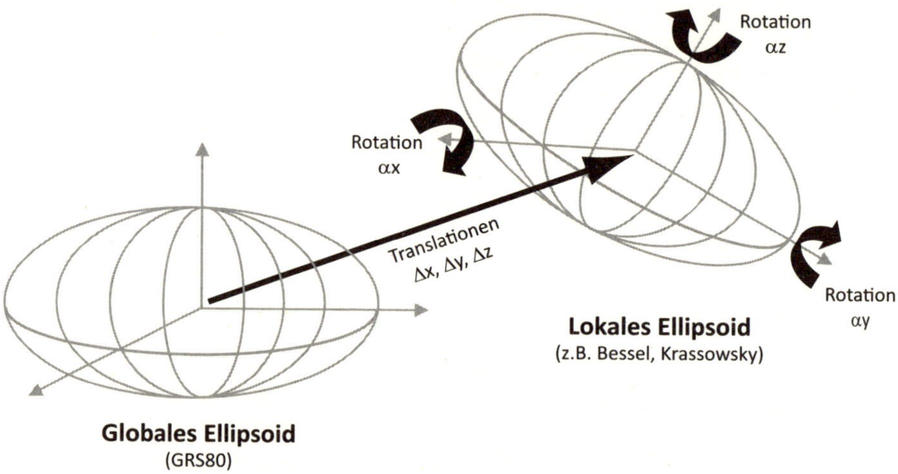

Datum (Ellipsoid)	Ellipsoid-Form		Lagerung im Verhältnis zum globalen Datum ETRS89		
	Große Halbachse a [in m]	Kleine Halbachse b [in m]	Translationen Δx / Δy / Δz [in m]	Rotationen αx / αy / αz [in Sekunden]	Skalierung
ETRS89 (GRS80)	6 378 137,0	6 356 752,314	-	-	-
Potsdam (Bessel)	6 377 397,155	6 356 078,963	+528 / +105 / +414	+3,08 / -0,35 / -1,04	+8,3 x 10^{-6}
S42/83 (Krassowsky)	6 378 245,0	6 356 863,092	+24 / -123 / -94	+0,13 / +0,25 / -0,02	+1,1 x 10^{-6}

Abb. 3-1: Zusammenhang zwischen globalem und lokalem Ellipsoid

Geographische Koordinaten

Bis hierhin wurde lediglich die Form und Lage eines Näherungskörpers für die Erde behandelt. Punkte auf der Oberfläche eines solchen lokalen oder globalen Ellipsoids können z. B. mit Hilfe des *geographischen Koordinatensystems* beschrieben werden: Die *geographische Breite* (φ) ist der Winkel zwischen der Oberflächennormalen im Punkt und der Äquatorebene, die *geographische Länge* (λ) der Winkel zwischen dem Nullmeridian (durch Greenwich) und dem Längenkreis durch den Punkt (Abb. 3-2). Liegt ein Punkt oberhalb der Ellipsoid-Oberfläche, wird dies durch den Abstand zwischen dem Punkt und der Ellipsoid-Oberfläche entlang der Ellipsoid-Normalen ausgedrückt (*ellipsoidische Höhen*; Abschnitt 3.1.4). Bei der Verwendung von geographischen Koordinaten ist es notwendig, auch die

Bezeichnung des Ellipsoids anzugeben, da unterschiedliche Ellipsoid-Formen zu unterschiedlichen Koordinatenwerten führen.

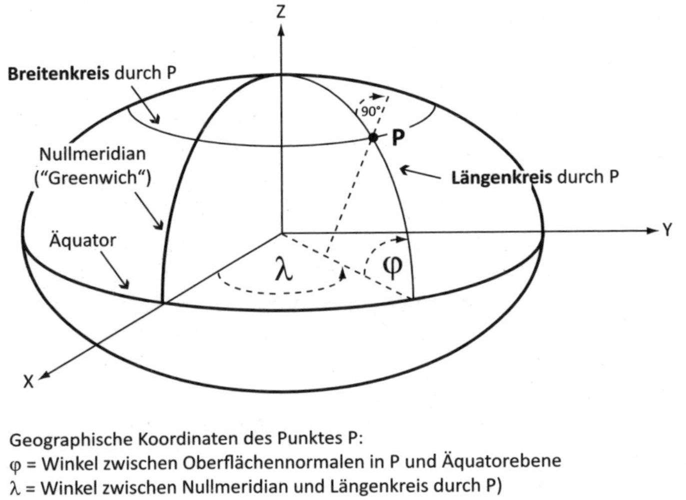

Abb. 3-2: Geographisches Koordinatensystem (Koordinaten φ, λ) und geozentrisches Koordinatensystem (X, Y, Z)

Kartesische 3D-Koordinaten

Alternativ zu den geographischen Koordinaten kann auch ein kartesisches 3D-System verwendet werden, das keine Winkel-, sondern nur Längenangaben verwendet. Hierzu wird der Ursprung des Systems in den Mittelpunkt des Ellipsoids gelegt, die Hochachse fällt mit der Rotationsache zusammen, die X-Achse zeigt in Richtung des Nullmeridians und die Y-Achse wird so gewählt, dass ein Rechtssystem entsteht (Abb. 3-2). Ein Spezialfall ist das *geozentrische Koordinatensystem*, das im physikalisch definierten Schwerpunkt der Erde seinen Ursprung hat und dessen Hochachse durch die mittlere Drehachse der Erde definiert ist.

3.1.3 Koordinatentransformationen

Bei den bisher dargestellten Operationen wurde davon ausgegangen, dass alle Geoobjekte in einem einheitlichen zwei- oder dreidimensionalen Koordinatensystem vorliegen. In der Realität stammen die Daten aber oft aus verschiedenen Quellen mit unterschiedlichen Systemen, sodass weder eine graphische Überlagerung noch eine gemeinsame, raumbezogene Analyse möglich ist. Daher gehören Transformationen zwischen verschiedenen Koordinatensystemen zu den Standardaufgaben in der Geodatenverarbeitung. Grundsätzlich lassen sich die Transformationen auf die elementaren und aus der Mathematik bekannten Abbildungstypen *Translation* (Verschiebung), *Rotation* (Drehung), *Skalierung* (Maßstabsänderung) und *Spiegelung* reduzieren; in der Praxis treten zumeist kombinierte Fälle auf.

2D nach 2D

Transformiert man Punkte zwischen zwei ebenen Koordinatensystemen und erlaubt dabei zwei Translationen (in x bzw. y), eine Rotation und eine Skalierung, spricht man von einer *Ähnlichkeitstransformation*. Für einige Anwendungen reicht diese Abbildung allerdings nicht aus. Beispielsweise kann es beim Einscannen von Kartenvorlagen passieren, dass Scanrichtung und Orientierung der Lesezeile nicht streng rechtwinklig zueinander stehen und sich die Pixelgrößen (d.h. die Maßstäbe) in und quer zur Scanrichtung leicht unterscheiden. Hier kommt die *Affintransformation* zum Einsatz, die zwei Translationen, zwei Rotationen und zwei Skalierungen berücksichtigt. Ein weiterer typischer Anwendungsfall hierfür ist die Registrierung beim Digitalisieren (Abschnitt 3.3.7). Die Wahl einer Abbildungsvorschrift hängt davon ab, welche elementaren Abbildungstypen erwartet werden. Die Parameter dieser Transformationen sind in der Regel nicht bekannt und werden aus *Passpunkten*, d.h. solchen Punkten, deren Koordinaten in beiden Systemen bekannt sind, berechnet. Im Fall der Ähnlichkeitstransformation sind zwei, im Fall der Affintransformation drei identische Punkte notwendig. Liegen mehr Punkte vor, erfolgt eine statistische Ausgleichung, welche die Genauigkeit der Parameterbestimmung erhöhen kann. Die notwendigen Formeln der Ähnlichkeits- und Affintransformationen findet man z.B. bei ALBERTZ & WIGGENHAGEN (2009).

3D nach 3D

Die Abbildung zwischen zwei kartesischen 3D-Koordinatensystemen (X, Y, Z) erfolgt zumeist über eine räumliche Ähnlichkeitstransformation (*Helmert-Transformation*), die eine Erweiterung der ebenen Abbildung darstellt. Im 3D-Fall werden nun drei Translationen, drei Rotationen und eine Skalierung berücksichtigt. In die Formeln zur Umrechnung zwischen geographischen Koordinaten (φ, λ sowie ellipsoidische Höhe) und kartesischen 3D-Koordinaten (X, Y, Z), die sich auf ein Ellipsoid beziehen (siehe Abschnitt 3.1.2), gehen noch die Formparameter (bzw. Halbachsenwerte a und b) des zugrunde liegenden Ellipsoides ein.

3D kartesisch nach 2D kartesisch

Die Abbildung von Punkten aus einen kartesischen 3D- in ein kartesisches 2D-System kann wie bei der photographischen Aufnahme durch die *Zentralprojektion* erfolgen (d.h., alle Punkte werden mit einem einzigen Punkt im Objektiv verbunden und auf die Abbildungsebene verlängert). Alternativ kann die Abbildungsebene parallel zur XY-Ebene des 3D-Systems gelegt werden, um alle Punkte jeweils entlang der Lotlinie zu dieser Ebene zu projizieren (*Orthogonalprojektion*). Aufgrund der Erdkrümmung und der unregelmäßigen Erdoberfläche sind solche Abbildungen für größere Gebiete allerdings nicht geeignet.

Kartenprojektionen

➲ HAKE ET AL. (2001) oder FLACKE ET AL. (2010)

Der schwierigste Fall der Koordinatentransformationen ist die Abbildung von Punkten auf der gekrümmten Erdoberfläche (z.B. angenähert durch ein Ellipsoid mit geographischen Koordinaten) in ein ebenes Koordinatensystem (z.B. für eine Papier- oder Bildschirmkarte). Diese *Kartenprojektionen* ziehen immer Verzerrungen nach sich, d.h. sie können entweder längen-, flächen- oder winkeltreu sein (oder sogar gar keine Treue aufweisen). Je nach Anwendung gilt es, spezielle Verzerrungen zu vermeiden oder zu minimieren, beispielsweise verlangt eine Karte zur Flugzeug- oder Schiffsnavigation die Winkeltreue, um z.B. einen geradlinigen Kurs auch als Gerade in einer Karte darstellen zu können.

Die gebräuchlichsten Abbildungen für topographische Karten in Deutschland sind die winkeltreuen *Gauß-Krüger-* oder die *Universal Transversal Mercator (UTM)*-Projektionen. Beide entstehen durch das Anlegen eines gedrehten (sog. transversalen) Zylinders, der das Erdellipsoid entweder nur in einem Hauptmeridian berührt (Gauß-Krüger) oder ihn symmetrisch dazu zweimal durchschneidet (UTM). Die Punkte vom Ellipsoid wer-

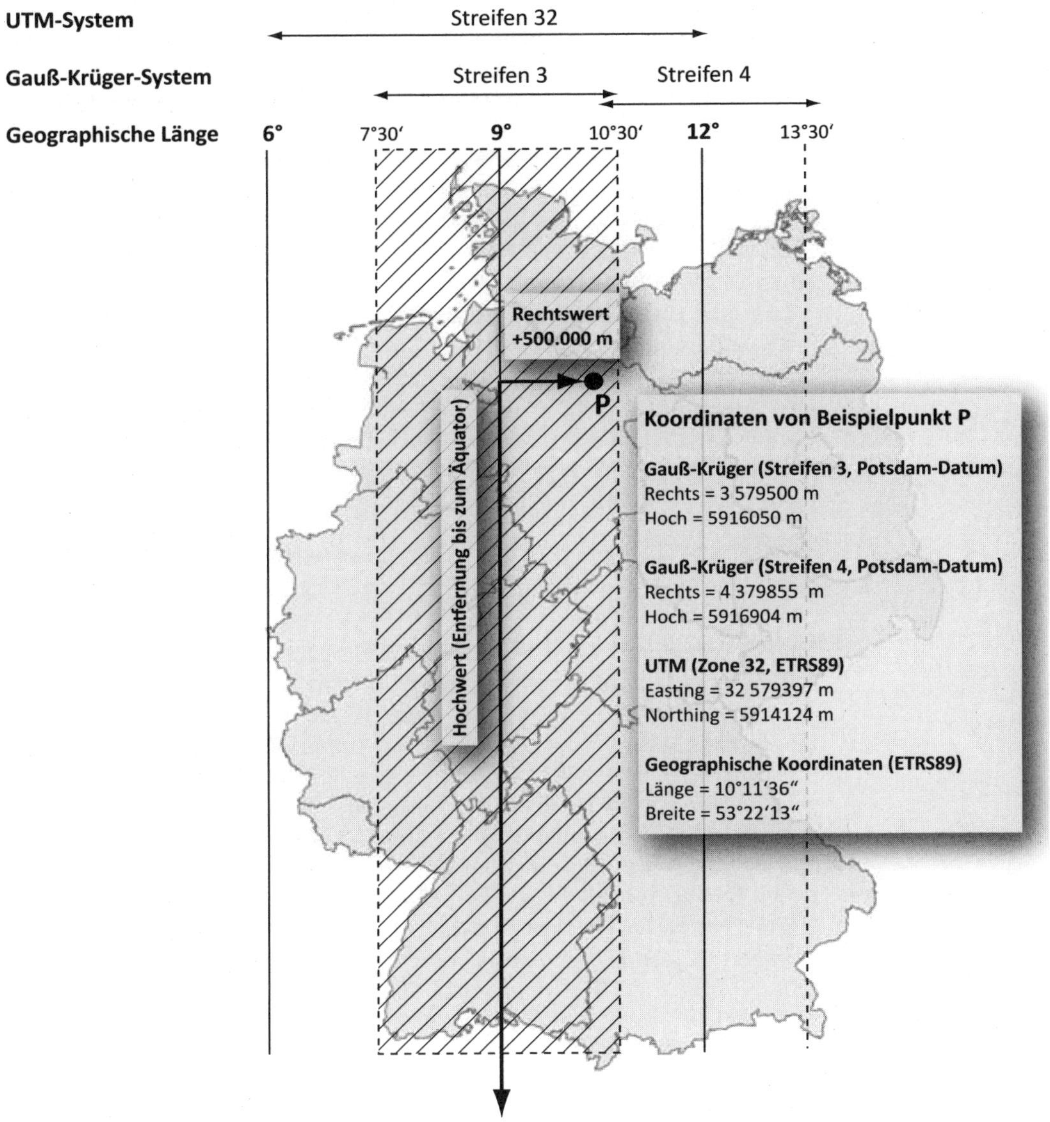

Abb. 3-3: Lage der Meridianstreifen sowie Koordinatenwerte für einen Beispielpunkt in Gauß-Krüger- sowie UTM-Abbildungen in Deutschland

den auf den Zylinder projiziert und dieser anschließend in die Kartenebene abgerollt. Die Breiten- und Längenkreise werden so in ein rechtwinkliges Gitter abgebildet (*transversale Mercator-Projektion*), bei dem alle Breitenkreise (inklusive der Polkappen) die Länge des Äquators besitzen, woran die Strecken- und Flächenverzerrung dieser Abbildung deutlich wird.

Je weiter man sich vom Hauptmeridian entfernt, umso größer werden die Abbildungsverzerrungen. Daher erfolgt die oben beschriebene Abwicklung auch nur für 3° (Gauß-Krüger) bzw. 6° (UTM) breite Streifen, die dann eigene Koordinatensysteme bilden (Abb. 3-3). Um eine eindeutige Zuordnung zum Hauptmeridian zu erhalten, wird den Rechtswerten noch die Streifennummer als Kennziffer vorangestellt. Um negative Koordinaten links des Hauptmeridians zu vermeiden, erhalten alle Rechtswerte zudem noch einen Aufschlag von 500000 m (*false easting*). In Deutschland erfolgt im Zuge der internationalen Vereinheitlichung seit einigen Jahren die Umstellung der amtlichen Koordinaten vom Gauß-Krüger-System (basierend auf dem Potsdam-Datum) in das UTM-System (basierend auf dem globalen ETRS89-Datum). Eine tiefergehende Behandlung des Wechsels des Bezugssystems in Deutschland geben KREITLOW ET AL. (2010).

Um eine prägnante Bezeichnung für die umfangreiche Menge von Abbildungsparametern zu schaffen, wurde der *EPSG-Code* (European Petroleum Survey Group) eingeführt – beispielsweise stehen die für Deutschland relevanten Codes „25832" für UTM-Koordinaten in Zone 32 basierend auf ETRS89 sowie „31467" für Gauß-Krüger-Koordinaten im dritten Meridianstreifen basierend auf dem Potsdam-Datum.

3.1.4 Höhenkoordinaten

Eine Besonderheit bzw. Schwierigkeit bei der koordinatenmäßigen Beschreibung von Punkten stellt deren Höhe dar. Es existieren national und international verschiedene Höhensysteme, die sich in der Definition ihrer Bezugsfläche (d.h. ihres „Nullniveaus") unterscheiden und für denselben Punkt deutlich verschiedene Höhenwerte hervorbringen können. Die Angabe der Bezugsfläche (bzw. der Höhenart) ist also gerade für grenzüberschreitende Projekte unabdingbar. Abb. 3-4 stellt die im Folgenden aufgeführten Höhensysteme zusammen.

Kartesische Z-Koordinaten

Die bereits beschriebenen kartesischen 3D-Koordinaten, die auf einem Ellipsoid beruhen, sind zur Angabe von Höhen ungeeignet, da die Z-Werte lediglich Abstände zur Äquatorebene wiedergeben und keinen realistischen Bezug zur Erdfigur aufweisen (d.h., gleiche Geländehöhen an unterschiedlichen Orten besitzen unterschiedliche Z-Koordinaten).

Ellipsoidische Höhen

Nimmt man das Ellipsoid als Bezugsfläche an, erhält man die *ellipsoidische Höhe* als Abstand zwischen dem gegebenen Punkt und der Ellipsoid-Oberfläche entlang der Ellipsoid-Normalen. Ellipsoidische Höhen können unmittelbar mit satellitengestützten Verfahren wie GPS bestimmt werden. Da aber ein Ellipsoid von der realen Geländeoberfläche abweicht (und

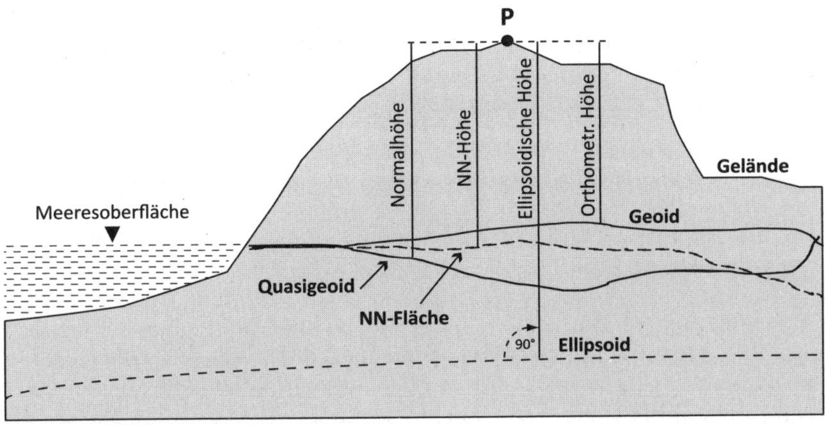

Abb. 3-4: Unterschiedliche Bezugsflächen für Höhenkoordinaten

dies von Ort zu Ort unterschiedlich), können diese Höhen zu ungewollten physikalischen Aussagen führen, z.B. kann Wasser trotz identischer Höhenwerte zwischen zwei Punkten in der Realität noch abfließen.

Orthometrische Höhen

Gegenüber der mathematischen Definition der Höhenbezugsfläche durch die Ellipsoid-Oberfläche gibt es auch die physikalische Variante, die auf dem Erdschwerefeld basiert: Flächen gleicher Erdschwere entsprechen gedanklich einer Höhenfläche, auf der Wasser nicht fließen kann. Als „Nullniveau" wird diejenige Fläche verwendet, die grob durch den mittleren Meeresspiegel der Weltmeere angenähert wird – diese wird auch als *Geoid* bezeichnet. Das Geoid kann auf unterschiedliche Weise bestimmt werden, die derzeit genaueste Variante stellen satellitengestützte Verfahren dar. Die Abweichungen zwischen dem globalen Ellipsoid und dem Geoid können bis zu 100 m betragen. Der Abstand zwischen dem Geoid und einem Punkt entlang der natürlichen Lotlinie wird als *orthometrische Höhe* bezeichnet.

Normalhöhen

Im Gegensatz zum Geoid verwendet das *Quasigeoid* nicht reale, sondern aus der geographischen Breite berechnete und damit genäherte Schwerewerte (sogenannte Normalschwerewerte). Die Differenz zwischen Quasigeoid (gerechnet) und Geoid (gemessen) beträgt maximal nur wenige Dezimeter. Der Abstand zwischen einem gegebenen Punkt und dem Quasigeoid entlang der entsprechenden Lotlinie ergibt *Normalhöhen*. Im deutschen amtlichen Vermessungsbereich werden seit 1993 Höhen in Meter über *Normalhöhennull (NHN)* angegeben (sog. Höhensystem *Deutsches Haupthöhennetz 1992, DHHN92*). Dieses System führt auch die Höhennetze der alten und neuen Bundesländer zusammen und ist ein Beitrag zur europäischen Vereinheitlichung der Höhennetze.

NN-Höhen

Bis 1992 war das *Normalnull (NN)* die amtliche Bezugsfläche für Höhen in Deutschland. Häufig enthalten topographische Karten auch heute noch diese Höhenangabe. NN-Höhen sind keine strengen orthometrischen oder Normalhöhen, sondern beziehen sich auf den mittleren Amsterdamer Pegel, der von angrenzenden Ländern übernommen wurde und beispielsweise in Preußen bzw. Deutschland durch einen an der Berliner Sternwarte markierten Normalhöhenpunkt markiert wurde. Die Unterschiede zwischen NN- und NHN-Höhen liegen im Zentimeterbereich.

3.2 Sampling

Voraussetzung für die Beschreibung und Analyse räumlicher Strukturen und Phänomene ist die Existenz ausreichend dicht verteilter Daten. Oft ist es ökonomisch, technisch oder zeitlich jedoch nicht möglich, die komplette Anzahl bzw. eine hohe Dichte an Beobachtungen bzw. Messpunkten zu erzeugen. Daher ist eine sinnvolle räumliche Verteilung von ausgewählten raumbezogenen Stichprobendaten zu gewährleisten. Die Sammlung und Speicherung solcher Daten wird als *Sampling* bezeichnet. Beispiele hierfür sind Messungen einzelner Geländehöhen zur Ableitung eines Höhenmodells oder Beobachtungen von ausgewählten Wetterstationen zur Beschreibung der Wetterlage in einer größeren Region.

Während die Anzahl von Stichprobenpunkten oft aus anwendungstypischen Erfahrungswerten abgeleitet wird, unterscheidet man hinsichtlich ihrer räumlichen Verteilung die zufälligen, systematischen (z. B. gerasterten) sowie der nach Klassenanzahl oder Flächengröße gewichteten Varianten (Abb. 3-5). In späteren Auswertungsschritten können aus diesen Stichproben Attributwerte für Zwischenpunkte oder das gesamte Auswertungsgebiet interpoliert werden (Abschnitt 3.4.3).

Aufgrund der variablen räumlichen Verteilung von Attributwerten gibt es kein generell gültiges oder ideales Sampling-Verfahren. Andererseits haben

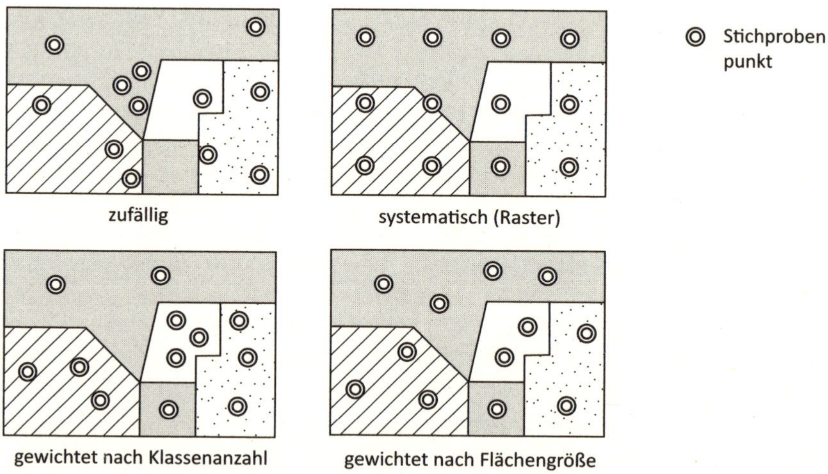

Abb. 3-5: Varianten der Verteilung von räumlichen Stichproben

aber unterschiedliche Anzahl und Verteilung von Stichpunkten einen signifikanten Einfluss auf das Endergebnis (DE SMITH ET AL., 2007). Eine Verbesserung kann in der Regel nur über eine iterative Veränderung der Sampling-Parameter und die Bewertung der resultierenden Ergebnisse (z.B. durch den Vergleich mit bekannten Punkten) erzielt werden.

3.3 Techniken der Datenerfassung

Im Folgenden werden ausgewählte Techniken zur Datenerfassung vorgestellt, wobei der Fokus auf die Bestimmung von *Geometrie-Informationen* (d.h. die zwei- oder dreidimensionale Lage und Form) von topographischen Objekten gelegt wird. Aus Platzgründen sind detaillierte Beschreibungen der Techniken nicht möglich, stattdessen sollen jeweils nur das grobe Aufnahmeprinzip und spezielle Eigenschaften (z.B. Genauigkeiten oder Kosten) dargestellt werden. Auch erfolgt keine weitere Kategorisierung nach dem Typ der Datenerfassung – so unterscheidet man beispielsweise zwischen einer Ersterfassung und der Aktualisierung (Fortführung), zwischen der originären oder der aus vorhandenen Daten abgeleiteten Erfassung oder zwischen einem statischen oder mobilen Einsatz.

Offensichtlich müssen neben den Geometrie-Informationen – simultan oder getrennt – auch die zugehörigen *thematischen Attribute* erfasst werden. Technisch erfolgt diese Aufnahme in der Regel über manuelle Eingaben (z.B. in Tabellenkalkulationsprogramme oder Datenbanken), verstärkt aber auch indirekt über automatisierte Verfahren der Sprach- oder Schrifterkennung. Besonders bei der getrennten Erfassung ist die Verknüpfung von Geometrie- und Attributinformationen (z.B. über einen gemeinsamen Schlüssel bzw. *Identifier*) zwingend notwendig. Aufgrund der großen Heterogenität der fachspezifischen Anwendungen und Anforderungen wird an dieser Stelle nicht näher auf die Erfassung der Attributdaten eingegangen.

Um die erzeugten Datensätze zu beschreiben und Suchvorgänge zu vereinfachen, sollten zusätzlich *Metadaten* dokumentiert werden. Diese enthalten z.B. Angaben zu Inhalt, Herkunft, Aktualität, Format, Koordinatensystem oder Qualität. Die ISO/TC 211 19115 stellt hierzu eine internationale Metadaten-Norm dar.

3.3.1 Satellitengestützte Positionsbestimmung

Aufnahmeprinzip

➲ MANSFELD (2009) oder SEEBER (1989)

Globale Navigationssatelliten-Systeme (GNSS) dienen zur Bestimmung von Positionen (d.h. dreidimensionalen Koordinaten) durch den Empfang und die Verarbeitung von Signalen mehrerer Satelliten. Gemessen wird die Laufzeit des Signals zwischen Satellit und Empfänger, die über die Lichtgeschwindigkeit in die Entfernung umgerechnet werden kann. Die Richtung des Signals ist nicht genau bekannt, sodass die Strecke eine Kugeloberfläche um den Satelliten herum beschreibt. Aus mindestens drei Entfernungen zu unterschiedlichen Satelliten ergibt sich die Position (d.h. die drei-dimensionalen Koordinaten) des eines fest installierten oder mobilen Empfängers durch den Schnittpunkt der jeweiligen Kugelflächen (Abb. 3-6, links). Da die Uhren in den Satelliten und Empfängern nicht synchron laufen und geringste Abweichungen zu nicht tolerierbaren Entfernungsfehlern führen würden (z.B. verursacht ein Zeitfehler von 1/1000 s einen Streckenfehler von 300 km), wird auch die Zeitdifferenz als Unbekannte in den Messprozess eingeführt. Für diese vierte Unbekannte ist die Messung zu einem weiteren Satelliten notwendig. Da die Empfangsgeräte nicht immer freie Sicht zu den notwendigen vier Satelliten haben bzw. eine Überbestimmung die Genauigkeit des Verfahrens steigern kann, bestehen die GNS-Systeme aus 24 bis 32 Satelliten, welche die Erde in einer Höhe von ca. 20000 km umkreisen.

Insbesondere durch Ungenauigkeiten der Satellitenposition, Abweichungen des Signals durch die Atmosphäre und eine ungünstige Verteilung der Satelliten kann die Bestimmung eines Einzelpunktes nur mit einer Genauigkeit von ca. 10 m erfolgen. Eine nachträgliche Prozessierung mit Integration von Referenzmessungen kann diese Werte aber deutlich verbessern.

Eine Genauigkeitssteigerung ist bereits durch das Aufnahmeprinzip der *differentiellen Positionsbestimmung* möglich: Da die Signale zu zwei relativ nahen Empfängern nahezu die gleichen Fehler erfahren, können diese bei einer Differenzbildung herausfallen (Abb. 3-6, rechts). So erhält man die relative Lage zwischen zwei Punkten mit cm-Genauigkeit. Über mindestens einen bekannten Punkt können diese Lageinformationen in ein

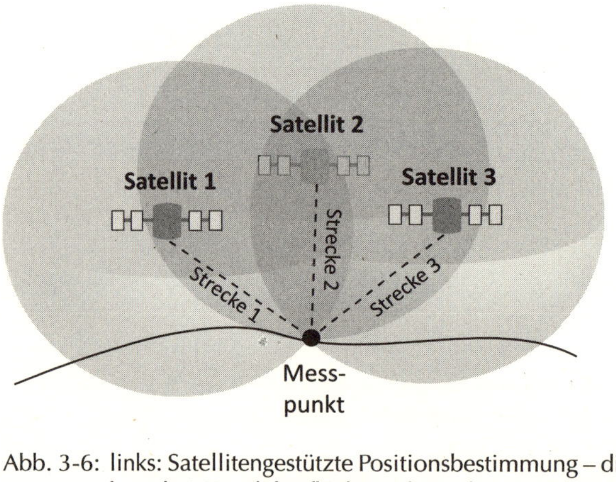

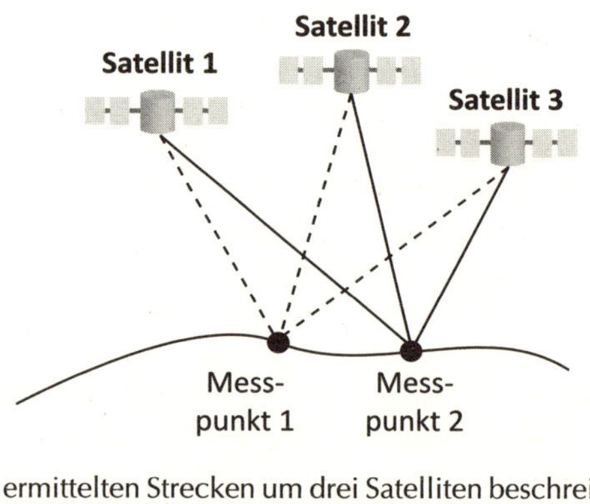

Abb. 3-6: links: Satellitengestützte Positionsbestimmung – die ermittelten Strecken um drei Satelliten beschreiben drei Kugeloberflächen, die sich im Messpunkt (d.h. dem Empfänger) schneiden („räumlicher Bogenschlag"); rechts: Differentielle Positionsbestimmung relativ eng beieinander liegender Messpunkte

übergeordnetes Koordinatensystem überführt werden. Eine spezielle Variante der differentiellen Positionsbestimmung stellt die *RTK-Messung (Real Time Kinematic)* dar, bei der eine permanente Referenzstation und mindestens ein beweglicher Empfänger in einem Umkreis von mehreren Kilometern verwendet werden, deren Koordinaten in Echtzeit berechnet werden können. Eine typische Anwendung hierfür ist das *Precision Farming,* bei dem die Positionen von landwirtschaftlichen Maschinen in Echtzeit bestimmt werden und somit eine zielgerichtete Bewirtschaftung ermöglichen. Da der Betrieb mehrerer Empfangsstationen sehr aufwändig bzw. teuer ist, gibt es auch die Option, fest stationierte Referenzstationen einzusetzen, die z.B. durch den Satellitenpositionierungsdienst der deutschen Landesvermessung (SAPOS) oder einen privaten Betreiber (z.B. ASCOS) ständig Korrektursignale an die Empfänger übermitteln.

Systeme

Das weltweit wichtigste satellitengestützte Verfahren zur Positionsbestimmung ist das US-amerikanische *NAVSTAR-GPS* (NAVigation Satellite Time And Range Global Positioning System, kurz: GPS), das seit 1995 voll operationell ist. Russland unterhält seit 1993 mit *GLONASS* (GLObalnaya NAvigatsionnaya Sputnikovaya Sistema) eine ähnliche Konfiguration. Die Europäische Union baut derzeit mit *Galileo* ein weiteres System auf, das nicht nur genauer sein, sondern eine uneingeschränkte private Nutzung garantieren soll. Weitere Nationen (wie z.B. China) entwickeln ebenfalls eigene Systeme. Einige Empfangsgeräte erlauben bereits jetzt die Aufzeichnung von Signalen verschiedener Systeme, womit die Zuverlässigkeit und Genauigkeit der Positionsbestimmung erhöht werden kann.

3.3.2 Terrestrische Vermessung

➲ MATTHEWS (2003) oder KAHMEN (2005)

„Klassische“ terrestrische Vermessungsverfahren bestimmen mit unterschiedlichen Instrumenten Winkel, Strecken und Höhen, um hieraus geometrische Eigenschaften (Punktkoordinaten, Streckenlängen oder Flächengrößen) abzuleiten. Die Anzahl der aufzunehmenden Punkte bzw. die Punktdichte hängen von den Geländeverhältnissen, dem angestrebten Kartenmaßstab und den Genauigkeitsforderungen ab. Terrestrische Verfahren sind aufgrund des hohen personellen Aufwands relativ teuer, können aber bei geeigneten Konfigurationen sehr hohe Genauigkeiten erzielen und sind in gewissen Regionen (z.B. in bewaldeten Gebieten) alternativlos.

Winkelmessungen

Zur Messung von Winkeln werden *Theodolite* verwendet, die auf einem Stativ lotrecht aufgebaut werden und die das Anzielen von Punkten durch ein Fernrohr erlauben, das entweder um die vertikale Achse (zur Messung von Horizontalwinkeln) oder um die horizontale Ache (für Vertikalwinkel) gedreht wird. Der Drehwinkel kann auf einer Skala (dem sogenannten Teilkreis) abgelesen werden. Man beachte hierbei unterschiedliche Winkelmaße: 100 gon entsprechen 90 Grad oder $\pi/2$. Die Genauigkeit der Winkelmessung beträgt ca. 0,1 mgon bis 10 mgon (d.h., auf einer Entfernung von 1000 m können seitliche Abweichungen auf 1,6 mm bis 16 cm unterschieden werden).

Streckenmessungen

Strecken können auf unterschiedliche Arten gemessen werden, wobei sich auch stark unterschiedliche Genauigkeiten (Millimeter- bis Dezimeterbereich) ergeben. Neben der mechanischen Variante (d.h. mit Rollbändern aus Stahl) sind insbesondere elektronische Verfahren in Gebrauch, welche die Laufzeit von elektromagnetischen Wellen erfassen, die vom Gerät selbst ausgesendet und durch ein Prisma am Zielpunkt reflektiert werden. *Tachymeter* sind Geräte, mit denen gleichzeitig Winkel und Strecken gemessen werden können.

Höhenmessungen

Auch zur Messung von Höhen gibt es eine Reihe terrestrischer Verfahren. Beim *geometrischen Nivellement* werden Höhenunterschiede durch horizontales Anzielen vertikal aufgestellter Messlatten und Differenzbildung der durch ein Fernrohr abgelesenen Höhenwerte gebildet. Bei der *trigonometrischen Messung* werden Höhenunterschiede zwischen Punkten aus den gemessenen Entfernungen sowie Vertikalwinkeln zwischen ihnen berechnet.

3.3.3 Laserscanning

Aufnahmeprinzip

➲ VOSSELMAN & MAAS (2010)

Das *Laserscanning* (auch als Light detection and ranging (*LIDAR*) bezeichnet) ist ein berührungsloses Verfahren, das auch bei schwierigen Wetterverhältnissen einsetzbar ist. Hierbei werden Oberflächen mit einem Laserstrahl zeilen- oder rasterartig abgetastet und die jeweiligen Entfernungen zum Aufnahmegerät gemessen. Aus der Position und Ausrichtung des Scanners können die 3D-Koordinaten der Oberflächenpunkte berechnet werden (Abb. 3-7, links).

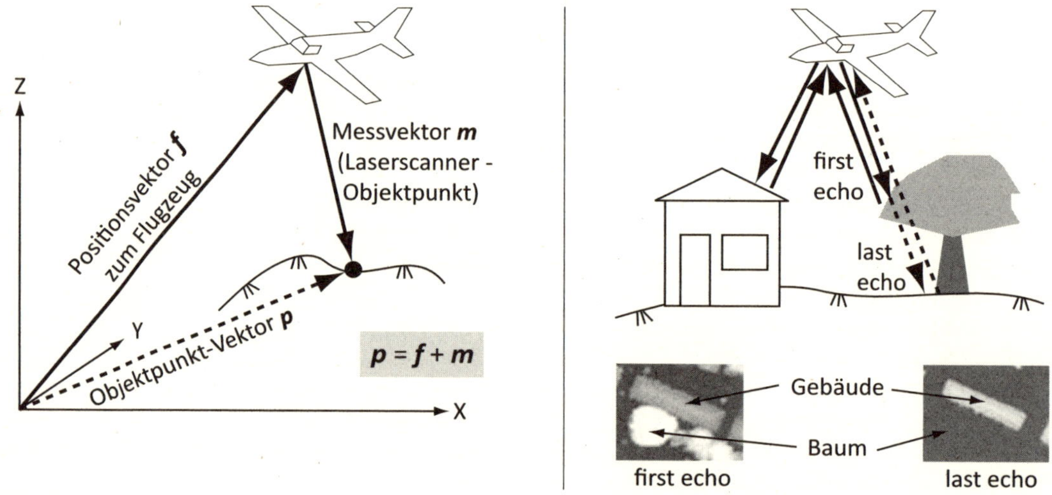

Abb. 3-7: links: Flugzeuggestütztes Laserscanning: Grundgleichung zur Positionsbestimmung; rechts: Aufzeichnung von Mehrfachreflektionen (*first echo* und *last echo*)

Man unterscheidet zwischen Systemen, welche die Laufzeit einzelner Lichtimpulse messen (*Impulsmessverfahren*), und solchen, die die Phasenlage verschiedener aufmodulierter Wellen bestimmen und somit feiner auflösen können (*Phasenlaufzeitverfahren*). Durch die Aussendung von mehreren tausend Laserstrahlen pro Sekunde ist das Verfahren schnell und erzeugt eine hohe Punktdichte. Das Laserscanning-Verfahren erzeugt im ersten Schritt lediglich eine unstrukturierte 3D-Punktwolke, die im Vergleich zur Photogrammetrie (Abschnitt 3.3.5) eines höheren Nachbearbeitungsaufwandes, z.B. der Transformation in ein regelmäßiges Raster- oder ein irreguläres Dreiecksnetz (TIN, Abschnitt 4.2.1), bedarf.

In der Regel werden Laserscanning-Systeme als entfernungsmessende Verfahren eingesetzt, während die Erzeugung von Grauwertbildern aus der Intensität des reflektierten Signals zwar möglich, mit dem Informationsgehalt konventioneller Bildaufnahmen aber nicht vergleichbar ist. Damit fehlen auch Zusatzinformationen, die zur Klassifizierung der Punkte herangezogen werden können.

Im Folgenden werden verschiedene Einsatzvarianten des Laserscanning näher beschrieben: Man unterscheidet das *terrestrische Laserscanning*, bei dem das Gerät auf einem Bodenstativ installiert ist (und z.B. Gebäudefassaden erfasst) und das *flugzeuggestützte Laserscanning (Airborne Laserscanning; Laser-Altimetrie)*, bei dem die Sensoren in einem Flugzeug oder Hubschrauber eingebaut sind und 3D-Höhenmodelle generieren. Einen Spezialfall der flugzeuggestützten Variante stellt das *bathymetrische Laserscanning* zur Vermessung von Gewässern dar. Bei einem mobilen Einsatz (z.B. in einem Fahrzeug oder im Flugzeug) müssen Position und Ausrichtung des Scanners ständig bestimmt werden (z.B. durch GPS und inertiale Messsysteme), während beim statischen Einsatz (z.B. bei der Vermessung eines Bauwerks) eine einmalige Einmessung des Aufnahmeortes (z.B. durch klassische Vermessungsverfahren, Abschnitt 3.3.2) ausreichend ist.

Flugzeuggestütztes Laserscanning

Beim *flugzeuggestützten Laserscanning* werden mehrere Punkte pro Quadratmeter aufgezeichnet, wobei sich unter günstigen Bedingungen Genauigkeiten von ca. 10 cm (Höhe) bzw. 20 cm bis 50 cm (Lage) erzielen lassen. Diese Abweichungen sind allerdings nicht frei von systematischen Einflüssen, da der Laserstrahl oft von Objekten oberhalb der gewünschten Punkte reflektiert (wie z.B. in Waldgebieten) oder gar absorbiert wird (z.B. durch Gewässer).

Bei der Erzeugung von Höhenmodellen werden grundsätzlich die jeweils höchsten Werte an einem Ort (z.B. die Spitze einer Baumkrone) erfasst (*first echo*), deren Zusammenstellung als *Digitales Oberflächen-Modell (DOM)* bezeichnet wird. Da die Laserstrahlen aber in der Lage sind, zu einem gewissen Teil auch Vegetation zu durchdringen, wird außerdem ein Teil von tieferen Punkten (z.B. dem Waldboden) reflektiert (*last echo*). Solche Mehrfachreflektionen ergeben die Möglichkeit zur differenzierten Betrachtung von Oberfläche und Gelände (Abb. 3-7, rechts).

Bathymetrisches Laserscanning

Einen Sonderfall der flugzeuggestützten Aufnahme stellt das *bathymetrische Laserscanning* dar, bei dem zwei Lichtwellen ausgesendet werden: Das Signal im nahen infraroten Bereich wird entweder vom Gewässer absorbiert oder zu einem geringen Teil von der Wasseroberfläche reflektiert, während das Signal im grünen Bereich in den Wasserkörper eindringen (in Idealfällen bis zu 50 m) und somit unter Umständen die Gewässersohle beschreiben kann.

Terrestrisches Laserscanning

➲ KERSTEN ET AL. (2008)

Aufgrund seiner Eigenschaften ist das terrestrische Laserscanning für Anwendungsbereiche wie Architektur, Denkmalpflege, Archäologie oder Ingenieurbau von großem Interesse. Je nach Messverfahren und Geräten sind Reichweiten von bis zu 1500 m und Scanraten von bis zu einer Million Punkten pro Sekunde möglich, typischerweise werden Gebäude in Entfernungen von ca. 10 m bis 100 m aufgenommen (Abb. 3-8). In der Regel werden hierbei Punktabstände von ca. 3 mm bis 30 mm und Tiefengenauigkeiten im Millimeterbereich erzielt. Als Ergebnis erhält man unstrukturierte 3D-Punktwolken, deren großes Datenvolumen normalerweise eine Reduktion (Filterung) erforderlich macht. Für die Weiterverarbeitung und Visualisierung werden die Punktwolken in ein CAD-Format oder ein Trianguliertes Irreguläres Netzwerk (TIN, Abschnitt 4.2.1) überführt.

Abb. 3-8: links: Texturierte 3D-Punktwolke einer terrestrischen Laserscanning-Aufnahme (Dorfkirche Raduhn); rechts: abgeleitetes CAD-Modell (Quelle: KERSTEN, 2006)

3.3.4 Fernerkundung

Aufnahmeprinzip

➲ ALBERTZ (2009)

Die *Fernerkundung* bezeichnet die Gesamtheit aller Verfahren, die Informationen über Objekte, Gebiete und Phänomene durch die Aufnahmen mit Sensoren, die nicht mit den zu untersuchenden Dingen in Berührung stehen, gewinnen und analysieren. Als Aufnahmeplattformen kommen sowohl bodengestützte Träger (z.B. Stative, Kräne), vorwiegend aber luftgestützte Systeme (Flugzeuge, Hubschrauber, Drohnen, Ballons) und satellitengestützte Systeme zur Anwendung. Nach dieser Definition umfasst die Fernerkundung ein sehr umfangreiches Spektrum an Aufnahmeverfahren, das in der Regel aber enger ausgelegt wird, indem man sie auf bildgebende Verfahren zum Zwecke der Erdbeobachtung reduziert.

Das Grundprinzip der fernerkundlichen Aufnahme beruht auf der Aufzeichnung von reflektierter oder emittierter Strahlung der Erdoberfläche. Hierbei zeichnen *passive Systeme* (z.B. Kameras) die von den Objekten reflektierte Sonnenstrahlung oder deren Eigenstrahlung (z.B. im thermalen Bereich) auf, während *aktive Systeme* (z.B. Laserscanner; Abschnitt 3.3.3) selbst Strahlung erzeugen und den reflektierten Anteil auch wieder empfangen. Zur Beschreibung der Aufnahmesysteme bzw. ihrer Anwendbarkeit für bestimmte Anwendungen dienen verschiedene Auflösungsbegriffe, die im Folgenden behandelt werden.

Spektrale Auflösung

Für die aufzuzeichnende Strahlung kommt eine große Bandbreite des elektromagnetischen Spektrums in Frage. Neben dem für Menschen sichtbaren Bereich werden in der Erdbeobachtung hauptsächlich der nahe und thermale Infrarot- sowie der Mikrowellenbereich (letzterer auch als *Radar* bezeichnet) verwendet. Die Aufnahme erfolgt in getrennten *Bändern (Kanälen)*, die jeweils einem bestimmten Ausschnitt aus dem Spektrum entsprechen. Die getrennte Aufzeichnung erlaubt die Detektion Wellenlängen-spezifischer Eigenschaften von Objekten anstelle einer reinen Addition aller Strahlungen eines größeren spektralen Bereiches (Abb. 3-9).

Die Anzahl, Breite und Anordnung der verschiedenen Aufnahmebänder eines Aufnahmesystems wird auch als dessen *spektrale Auflösung* bezeichnet. Besitzt ein System nur einen Kanal mit einer Bandbreite, die das gesamte sichtbare Spektrum (und evtl. kleine Teile des ultravioletten sowie nahen Infrarot-Bereiches) abdeckt, werden schwarz-weiße, *panchromatische* Aufnahmen erzeugt. Besitzt der Sensor mehrere (in der Regel zwischen drei und zehn) Bänder, spricht man von einer *multispektralen* Aufnahme. *Hyperspektrale Sensoren* weisen dagegen sehr viele (mindestens 20, meist über 100) sowie sehr schmale Bänder auf, die das Spektrum nahezu lückenlos und sehr genau beschreiben können. Eine detaillierte Beschreibung des hyperspektralen Aufnahmeprinzips geben VAN DER MEER & DE JONG (2001).

Geometrische Auflösung

Die Beschreibung für die Fähigkeit, benachbarte Objekteinzelheiten noch getrennt aufzuzeichnen, wird als *geometrische (oder räumliche) Auflösung* bezeichnet. Als Maß für die Detailerkennbarkeit wird bei digitalen Aufnahmen zumeist deren *Bodenpixelgröße* angegeben. Satellitengestützte Systeme besitzen Pixelgrößen von mehreren hundert Metern (z.B.

für globale Wetterbeobachtungen) bis zu ca. 50 cm (z.B. für Kartierungen in Maßstäben um 1:5000 geeignet). Aufgrund der geringeren Flughöhe erzielen flugzeuggestützte Systeme Pixelgrößen bis in den Zentimeterbereich.

Die Bodenpixelgröße ist nicht gleichbedeutend mit der Größe von Objekten, die in Fernerkundungsszenen erkannt werden können. So kann je nach Umgebungskontrast ein schmales, langgestrecktes Objekt (z.B. eine Straße) durchaus mit einer relativ größeren Pixelgröße detektiert werden, während andererseits relativ große, benachbarte Objekte nicht getrennt er-

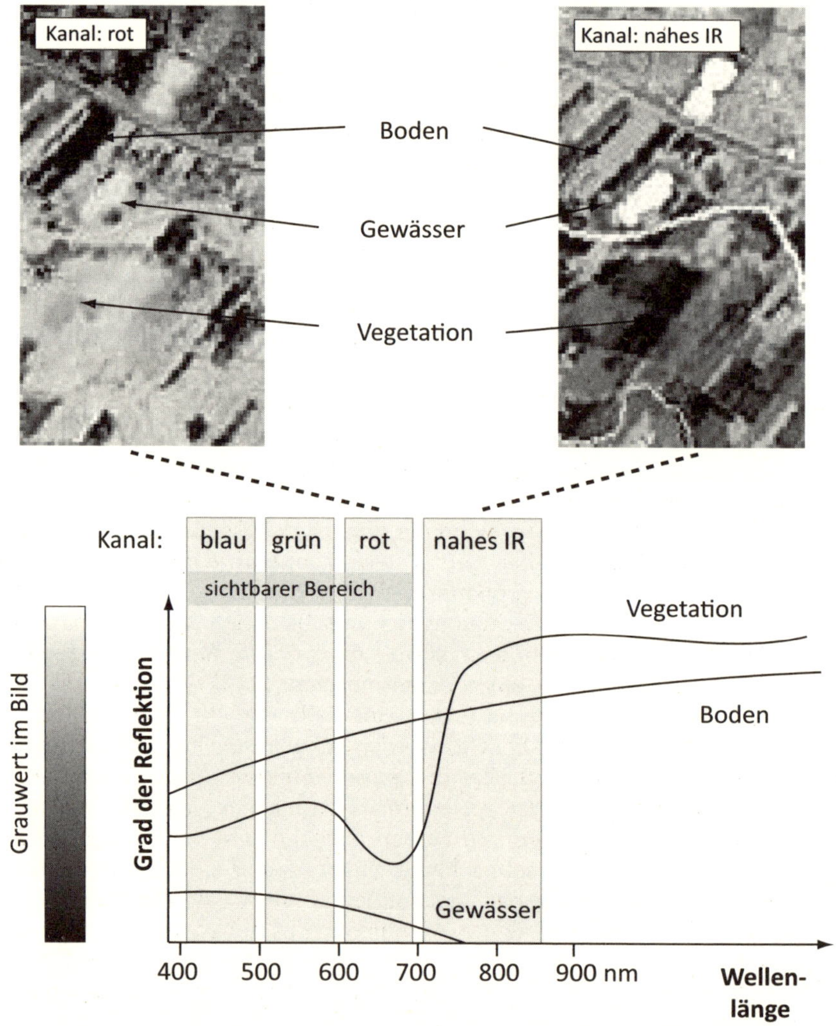

Abb. 3-9: unten: Typisches Reflektionsverhalten von Gewässer, Vegetation und Boden als Funktion der Wellenlänge („spektrales Profil"); oben: Entsprechende Abbildung in zwei ausgewählten Aufnahmekanälen

kannt werden können, weil sie sich von ihrer Umgebung farblich kaum unterscheiden. Schließlich können auch verschiedene Pixelgrößen notwendig sein, um lediglich die Existenz irgendeines Objekts an einer bestimmten Stelle zu erkennen (*Detektion*) oder dieses Objekt näher zu beschrieben (*Interpretation*).

Geometrische und spektrale Auflösungen stehen in Konkurrenz zueinander, so reicht die Strahlung eines sehr schmalen spektralen Bereiches (d.h. mit einer hohen spektralen Auflösung) aus einem sehr kleinen Bodenelement (d.h. mit einer hohen räumlichen Auflösung) oft nicht für die Belichtung des Detektors aus. Eine Lösung dieses Problems besteht in getrennten Aufnahmen (einerseits räumlich hoch- und spektral niedrigauflösend, andererseits räumlich niedrig- und spektral hochauflösend), die anschließend mit verschiedenen Algorithmen zu einem optimierten Bild kombiniert werden können (*pan sharpening*).

Radiometrische Auflösung

Die *radiometrische Auflösung* ist ein Maß dafür, wie viele Strahlungsunterschiede aufgezeichnet werden können. Bei digitalen Sensoren erfolgt die Beschreibung für diese Empfindlichkeit über die Angabe der Quantisierungsstufen (in bit) pro Pixel. Die meisten aktuellen Fernerkundungssensoren arbeiten in einem Bereich zwischen 8 bit und 12 bit, d.h., jedes ihrer Pixel kann 2^8 (=256) bis 2^{12} (=4096) verschiedene Werte annehmen.

Temporale Auflösung

Die *temporale (oder: zeitliche) Auflösung* beschreibt den zeitlichen Abstand zwischen zwei Fernerkundungsaufnahmen von einem bestimmten Gebiet. Bei Satellitenaufnahmen ist diese streng genommen identisch mit dem Erreichen desselben Orbits (üblicherweise nach wenigen Tagen bis zu einem Monat). Eine Verbesserung der Auflösung ist bei einigen Aufnahmesystemen durch die Schwenkbarkeit der Sensoren möglich, womit ein Gebiet auch schon während eines früheren Überflugs unter einem Schrägblick beobachtet werden kann. Einige moderne Systeme erhöhen die temporale Auflösung durch den Einsatz mehrerer baugleicher Satelliten.

Auswerteverfahren

Die Kernaufgabe der Auswertung von Fernerkundungsaufnahmen besteht in deren thematischer Interpretation. Dies kann visuell (z.B. durch Digitalisierung, Abschnitt 3.3.7), halbautomatisch oder komplett rechnerisch erfolgen. Eine zuverlässige und übertragbare, völlig automatische Lösung ist aufgrund der heterogenen Landschaften und Aufnahmeverhältnisse derzeit noch nicht möglich. Die klassische halbautomatische Methode zur *multispektralen Klassifikation* besteht in der rechnerischen oder nutzergesteuerten Bildung von Pixelgruppen (*Cluster*, Abschnitt 5.1.3), die ähnliche spektrale Merkmale aufweisen und zu denen dann die noch nicht klassifizierten Pixel zugeordnet werden können. Bei hyperspektralen Daten ist es möglich, die aufgezeichneten, nahezu kontinuierlichen spektralen Verläufe mit bekannten Laborspektren zu vergleichen (*Spektralanalyse*), womit in Idealfällen eine sehr differenzierte, materialspezifische Klassifikation möglich wird.

3.3.5 Photogrammetrie

Aufnahmeprinzip

➲ KRAUS (2004) oder LUHMANN (2010)

Die *Photogrammetrie* hat zur Aufgabe, aus einem oder mehreren Bildern eines Objektes oder Gebiets dessen Geometrie (d.h. Form und Lage) zu bestimmen. Sie ist damit ein Teilgebiet der Fernerkundung (Abschnitt 3.3.4). Die notwendige *Bildaufnahme* kann entweder satelliten- oder (häufiger) flugzeuggestützt erfolgen, konventionell durch eine analoge (filmbasierte), inzwischen aber immer häufiger durch eine digitale Aufzeichnung. Die digitale Aufnahme hat diverse Vorteile, z.B. wird ein komplett digitaler Datenfluss ermöglicht (d.h., es ist kein Photolabor mehr notwendig) und es können multispektrale Daten getrennt erfasst werden. Die Kernaufgabe der Photogrammetrie, die Ableitung von 2D- oder 3D-Koordinaten aus ebenen Einzelbildern (*Bildmessung*), beinhaltet mehrere Teilaspekte, die im Folgenden näher beschrieben werden.

Orientierungen

Der erste Schritt der geometrischen Auswertung besteht darin, den Zusammenhang zwischen dem 3D-Geländekoordinatensystem (z.B. Gauß-Krüger- oder UTM-System, vgl. Abschnitt 3.1.3) und dem Bildkoordinatensystem der Aufnahmekamera mathematisch zu beschreiben. Der Zusammenhang lässt sich in zwei Komponenten zerlegen: Die *äußere Orientierung* beschreibt grob gesprochen die Position und Neigung der Aufnahmekamera in Bezug auf das gegebene Geländekoordinatensystem.

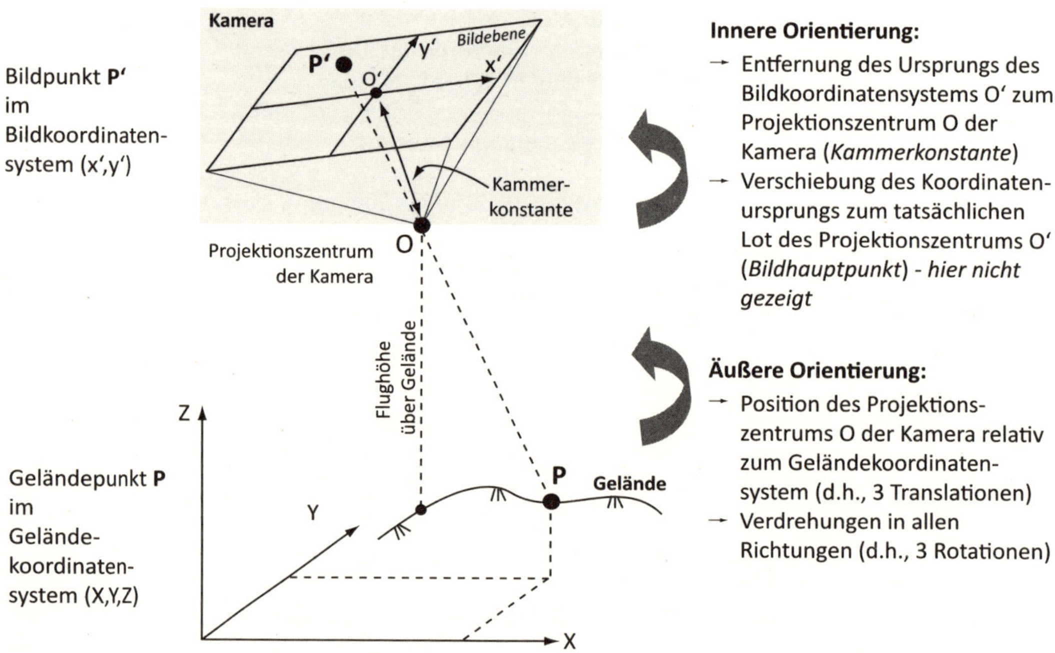

Abb. 3-10: Abbildung eines Geländepunktes P in den Bildpunkt P' – Zusammenhang zwischen den Koordinatensystemen über Parameter der äußeren und inneren Orientierung

Die notwendigen Parameter werden entweder indirekt über bekannte Passpunkte oder direkt durch Messungen mit GPS (Abschnitt 3.3.1) sowie Inertialmesssystemen zur Ableitung der Neigungswinkel bestimmt. Die *innere Orientierung* beschreibt die Kamerageometrie als solche (insbesondere die Kammerkonstante bzw. Brennweite). Abb. 3-10 gibt eine detailliertere Darstellung der beiden Orientierungsarten, wobei vom konventionellen Fall der *Zentralprojektion* als Aufnahmegeometrie ausgegangen wird, bei dem alle Strahlen in einem Punkt (dem Projektionszentrum) gebündelt und von dort auf den Film bzw. die elektronischen Detektoren (CCD, CMOS) in der Bildebene abgebildet werden. Alternativ zu dieser flächen- bzw. matrixförmigen Aufnahme ist es auch möglich, zeilenhafte Detektoren zu verwenden, die eine gemischte Projektion aufweisen (Zentralprojektion quer, Parallelprojektion in Flugrichtung) und durch Aneinanderreihung wieder ein komplettes Bild ergeben.

Orthobilder

Bedingt durch die Zentralprojektion in Verbindung mit unterschiedlichen Gelände- und Objekthöhen entstehen Verzerrungen in Bildern, die von der gewünschten Kartengeometrie (Orthogonal- oder Parallelprojektion) abweichen und zu einem variablen Maßstab im Bild führen (Abb. 3-11). Eine *Orthoentzerrung* stellt die gewünschte Kartengeometrie her, wofür neben den Orientierungsparametern auch Informationen über die Gelände- und Objekthöhen (d.h. ein Digitales Gelände- bzw. Oberflächen-Modell) notwendig sind. Das entzerrte Bild (*Orthobild* bzw. *Orthophoto*) ist nun grundsätzlich zur Überlagerung auf andere Karten sowie Bildmes-

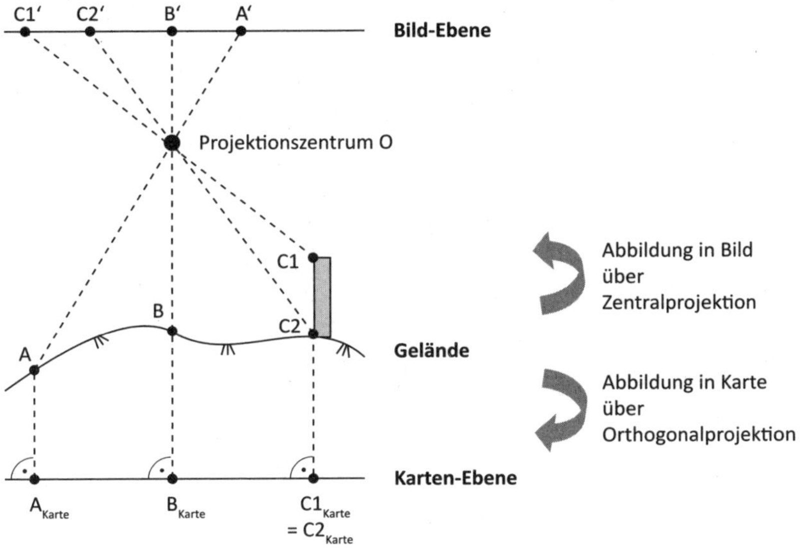

Abb. 3-11: Unterschied zwischen Zentralprojektion in Bildern und gewünschter Orthogonalprojektion in Karten. Beachte: Die Punkte C1 und C2 werden trotz identischer Lage an verschiedenen Stellen im Bild abgebildet und die Bildstrecken zwischen AB sowie BC sind im Gegensatz zu den Horizontalstrecken im Gelände nicht gleich lang.

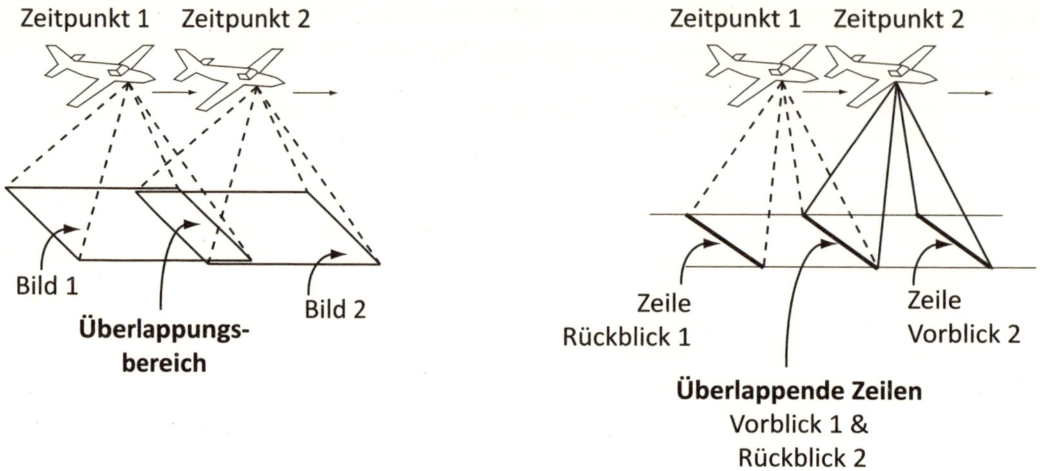

Abb. 3-12: links: Entstehung von Überlappungsbereichen bei flächenhafter (links) oder zeilenweiser Aufnahme (rechts)

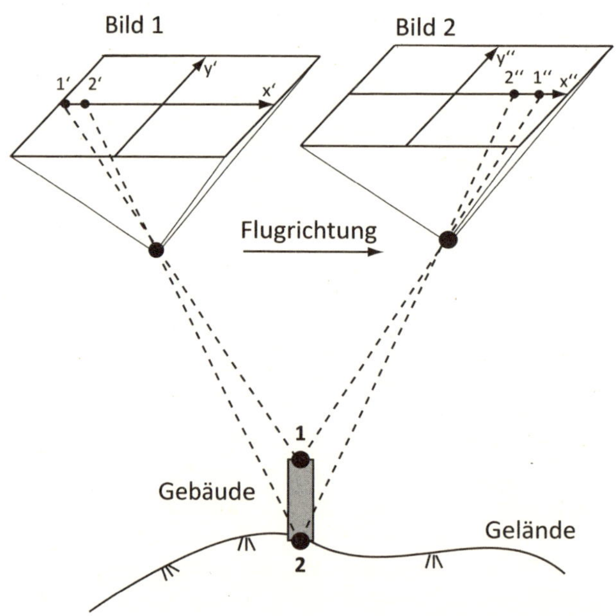

Abb. 3-13: Abbildung von Höhenpunkten im Stereobildpaar: Die Lagedifferenzen zwischen Punkten 1'1" sowie 2'2" sind unterschiedlich (sog. Horizontalparallaxen) und ermöglichen die Umrechnung in einen Höhenunterschied.

sungen mit einheitlichem Maßstab geeignet. Es ist aber zu beachten, dass bedingt durch Ungenauigkeiten bzw. der limitierten Auflösung des Höhenmodells eine perfekte Umbildung nicht möglich ist.

Stereoaufnahme

Wie beim menschlichen räumlichen Sehen sind auch bei stereoskopischen Aufnahmen mindestens zwei überlappende Bilder oder Zeilen aus verschiedenen Blickwinkeln notwendig. Dies kann entweder durch die Überlappung benachbarter flächenhafter Aufnahmen oder die Überlagerung von unterschiedlich geneigten Aufnahmezeilen erfolgen (Abb. 3-12). Im Fall der zeilenweisen Erfassung werden in der Regel vorwärts, rückwärts und senkrecht nach unten blickende Aufnahmen erzeugt, die zu einer Überbestimmung und Vermeidung von Schattenbereichen führen. Abb. 3-13 macht deutlich, dass die Aufnahme verschiedener Höhenpunkte zu unterschiedlichen Versätzen in Flugrichtung (*Horizontalparallaxen*) in den Bildern führen, die ihrerseits den visuellen Stereoeindruck ermöglichen und bei bekannten Orientierungen der beiden Bilder in Höhenunterschiede umgerechnet werden können.

In der Praxis werden in der Regel nicht nur zwei, sondern ein großer Block aus mehreren (teilweise mehreren hundert) Bildern mit einer gewissen Überlappung (typischerweise mit ca. 60 bis 80 % in Flugrichtung und ca. 20 bis 30 % quer dazu) erfasst. Die gemeinsame Auswertung eines Blocks (*Bündelblockausgleichung*) ist effizienter und genauer als die paarweise Behandlung von Stereopartnern.

Generelle Eigenschaften

Photogrammetrische Aufnahmen und Auswertungen zeichnen sich durch eine relativ große Flächenleistung sowie einen hohen Automatisierungsgrad bei der Bestimmung der Orientierungsmessung sowie Bildmessung aus. Generell lassen sich bei der Auswertung von Luftbildern Lagegenauigkeiten im Zentimeterbereich erzielen, während für die Genauigkeit von Höhen oft die Faustregel von 0,1 ‰ der Flughöhe ansetzt wird (z.B. 15 cm bei einer Flughöhe von 1500 m). Begrenzungen dieser Datenerfassungstechnik ergeben sich in erster Linie durch Wolkenbedeckungen, Verdeckungen durch andere Objekte (z.B. in Waldgebieten) sowie Schattenwürfe (z.B. durch Hochhäuser).

3.3.6 Hydrographische Vermessungen

Aufgaben

➲ INTERNATIONAL HYDROGRAPHIC ORGANIZATION (2005)

Während die bisher betrachteten Methoden primär für die Beschreibung der festen Landoberfläche gedacht sind, befasst sich die *hydrographische Vermessung* mit der Tiefen-, Form- und Zustandsbestimmung von Gewässern. Für Anwendungen wie Schiffsverkehr, Küstenschutz, Geologie etc. erhält man Seekarten oder 3D- bzw. 4D-Modelle des Gewässerbodens und ggf. der Wassersäule sowie ihrer Beziehungen zum umgebenden Land.

Aufnahmeverfahren

Die schiffsgestützte hydrographische Datenerfassung erfolgt durch eine Kombination von Positionsbestimmungen für das Schiff bzw. den eingesetzten Sensor (z.B. durch GNSS, Abschnitt 3.3.1) und Tiefenmessungen. Für Letztere kommen in erster Linie *Echolote* zum Einsatz, die akustische Signale zum Gewässerboden aussenden und aus der Laufzeit des reflektierten Signals die Tiefe berechnen. Wird gleichzeitig ein Bündel von teilweise über 100 Strahlen quer zur Fahrtrichtung verwendet, spricht man von einem *Fächerecholot. Seitensichtsonare* messen neben der Laufzeit auch die Stärke der reflektierten Strahlen verschiedener Frequenzen und erzeugen somit eine bildhafte Darstellung des Gewässergrundes. Neben der schiffsgestützten Aufnahme gibt es auch die Möglichkeit einer getrennten oder kombinierten Erfassung mit terrestrischen, satelliten- oder flugzeuggestützten Methoden (z.B. dem bathymetrischen Laserscanning, Abschnitt 3.3.3) sowie die Aufnahme über autonome oder ferngesteuerte Unterwasserfahrzeuge.

Eigenschaften

Grundsätzlich erzielen hydrographische Verfahren im Vergleich zu topographischen Tachymeteraufnahmen schlechtere Genauigkeiten, was u.a. auf die schwierige Signalausbreitung im Wasser zurückzuführen ist. Umgekehrt können die o.g. Messverfahren aber die Genauigkeitsanforderungen erfüllen, die z.B. durch die sogenannten S44 Standards der Internationalen Hydrographischen Organisation (IHO) vorgegeben sind. Hier wird beispielsweise für die größte Genauigkeitsklasse, die für Schiffsverkehr in geringen Wassertiefen (z.B. in Häfen) angesetzt wird, mindestens eine Lagegenauigkeit von 2 m sowie eine Tiefengenauigkeit von 0,25 m (für Tiefen von weniger als 10 m) gefordert. Für den Mindestabstand von Echolot-Linien in Fahrtrichtung wird typischerweise ein Wert vom dreifachen der Durchschnittstiefe (bzw. 25 m) verlangt, während bei einem Fächerecholot die Abstände quer dazu von der Messentfernung abhängen und im Zentimeter- oder Meterbereich liegen.

3.3.7 Digitalisierung

Grundsätzlich bezeichnet man jede Analog/Digital-Wandlung als Digitalisierung. Hierbei ist zu unterscheiden, ob aus vorhandenen Karten oder Bildern digitale Vektor- oder aber Rasterdaten erzeugt werden.

Vektordaten-Erfassung

Die Vektordaten-Erfassung erfolgt zumeist manuell bzw. visuell an Digitalisiertabletts oder Bildschirmen (*on-screen Digitalisierung*), wobei eine im Hintergrund liegende Vorlage „nachgezeichnet" wird und bei Bedarf mit Attributen versehen werden kann. Darüber hinaus können aber auch Algorithmen zum Einsatz kommen, die halb- oder vollautomatisch die Erkennung oder Verfolgung von linienhaften Objekten ermöglichen und somit den manuellen Arbeitsaufwand reduzieren. Um die gemessenen Digitalisiertablett- oder Bildschirmkoordinaten in das gewünschte Geländekoordinatensystem transformieren zu können, muss der geometrische Zusammenhang zwischen diesen Systemen hergestellt werden (Abb. 3-14). Eine solche *Registrierung* erfolgt in der Regel über eine ebene *Affintransformation*, deren Parameter über mindestens drei identische Punkte (d.h. Punkte, deren Koordinaten in beiden Systemen bekannt sind) berechnet werden können (Abschnitt 3.1.3).

Die Genauigkeit der digitalisierten Vektordaten wird von einer Reihe von Faktoren beeinflusst. Neben der Auflösung des Digitalisiergerätes (Tab-

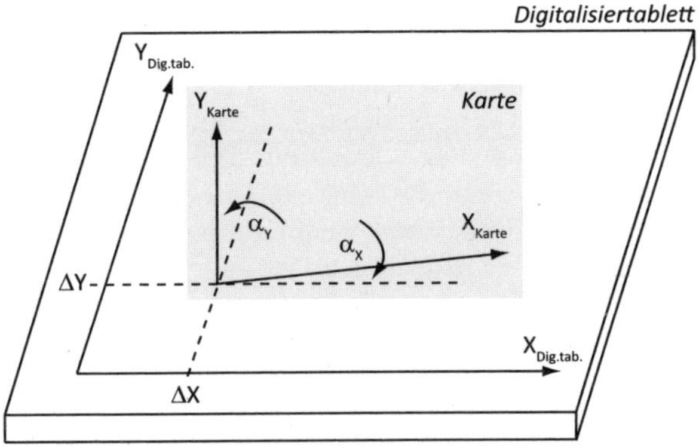

6 Parameter der Affintransformation:

ΔX , ΔY	Verschiebungen (Translationen) zwischen Koordinatensystemen
α_X , α_Y	Drehungen (Rotationen) zwischen Koordinatensystemen
s_X , s_Y	Maßstabsfaktoren, ergeben sich aus Unterschied zwischen Auflösung des Digitalisiertabletts und dem Kartenmaßstab

Abb. 3-14: Zusammenhang zwischen Koordinatensystem einer analogen Karte (bzw. eines Bildes) und dem Koordinatensystem des Digitalisiertabletts (oder des Bildschirms)

lett, Monitor, Maus o.Ä.) sind insbesondere die manuelle Zeichengenauigkeit (z.B. bewirkt eine Abweichung von lediglich 0,2 mm einen Lagefehler von 10 m in einer Karte 1:50000) und die Genauigkeit der Vorlage (abhängig von Aktualität, Maßstab, Pixelgröße, Projektionsverzerrungen, Generalisierungen etc.) zu beachten. Die Vektor-Digitalisierung stellt trotz des notwendigen manuellen Aufwandes aufgrund der reinen häuslichen Bearbeitung eine relativ kostengünstige Erfassungsmethode dar, die allerdings auch die Existenz einer zuverlässigen Datengrundlage bedingt.

Rasterdaten-Erfassung

Das *Scannen* von Hardcopy-Vorlagen stellt eine Standardform zur Erfassung von Rasterdaten dar. Hierbei wird mit Hilfe eines CCD-Sensors pixelweise die Intensität des Lichtes gemessen, das von der Karten- oder Bildvorlage durchgelassen oder reflektiert wird, und diese anschließend in Zahlenwerte umgewandelt (in der Regel pro Farbkanal in einem Wertebereich von 0 bis 255, d.h. einer Farbtiefe von 8 bit). Die Qualität eines Scanners ist insbesondere von der Abtastauflösung (mit typischen Punktdichten von 300 dpi bis 1200 dpi, d.h. 300 bis 1200 Punkten pro 2,54 cm), der geometrischen Stabilität der CCD-Anordnung (im Subpixelbereich) und der Scan-Geschwindigkeit abhängig. Für besonders hohe Ansprüche (z.B. zum Erhalt der geometrischen Genauigkeit und Detailerkennbarkeit hochauflösender Luftbilder) sind teure photogrammetrische Scanner notwendig. Analog zur Vektordaten-Erfassung ist für die Transformation der Scan-Koordinaten in das gewünschte Zielkoordinatensystem ebenfalls eine Registrierung notwendig (siehe oben).

3.4 Weiterverarbeitung von Punktdaten

Es gibt eine große Anzahl von Methoden der Datenaufbereitung, die je nach Anwendungszweck eingesetzt werden. Im Folgenden werden nur

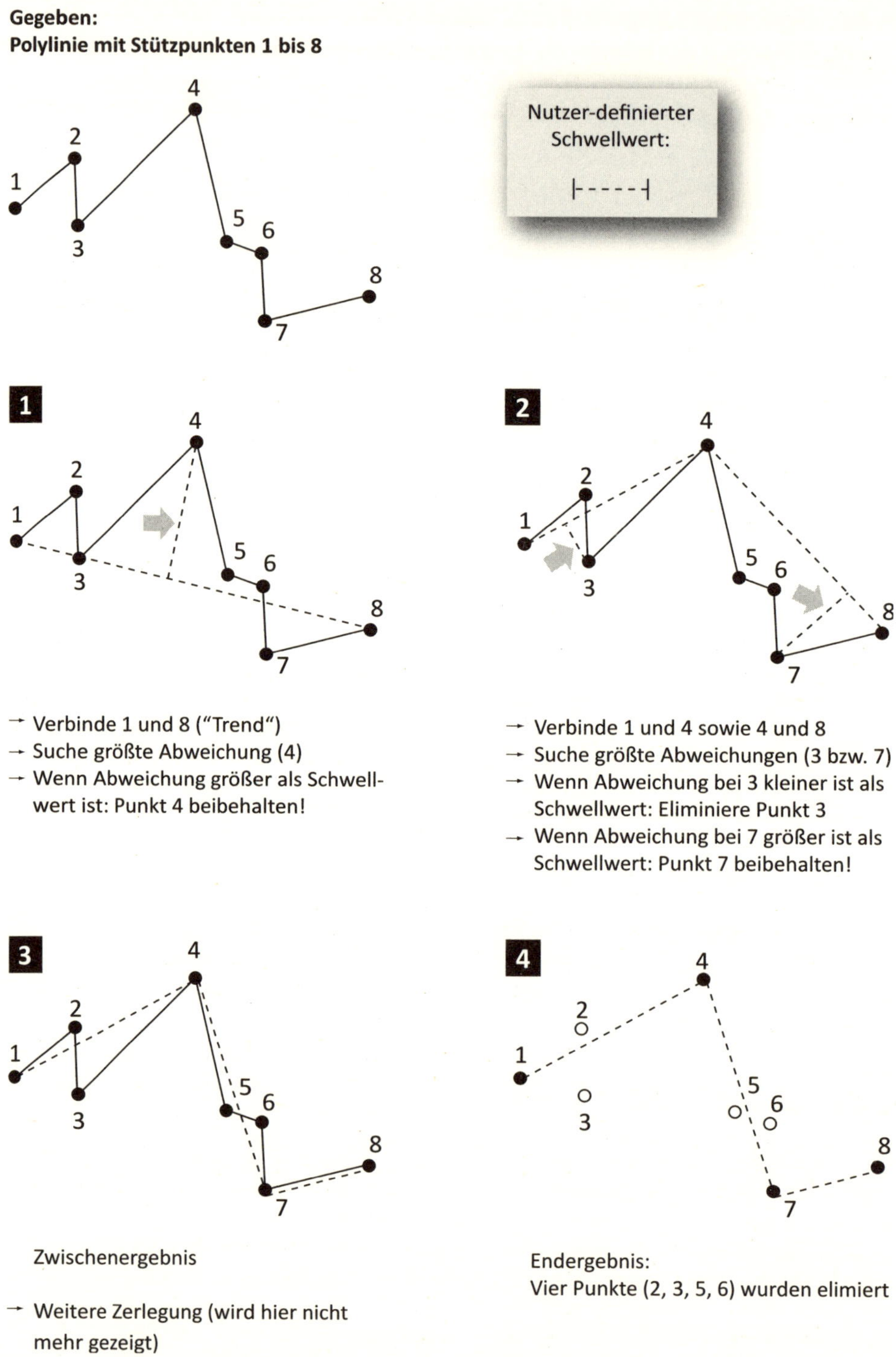

Abb. 3-15: Beispiel zum Prinzip des Douglas-Peucker-Algorithmus

zwei ausgewählte, häufige Aufgabenstellungen betrachtet, die aus einer gegebenen Menge punkthafter Daten entweder eine Teilmenge extrahieren (Ausdünnung, Abschnitt 3.4.1), oder aber eine Verdichtung vornehmen (Abschnitt 3.4.2).

3.4.1 Ausdünnung von Daten

Aufgabenstellung

Die Ausdünnung punkthafter Datensätze wird zum Beispiel notwendig, wenn der Datenumfang reduziert werden soll, die Auswertung aufgrund eng beieinander liegender und hoch korrelierter Daten unnötig verlängert wird oder eine visuelle Darstellung eng benachbarter Elemente aus Gründen der Auflösung nicht mehr möglich ist. Die Ausdünnung kann nach geometrischen, thematischen, topologischen oder zeitlichen Kriterien sowie deren Kombination erfolgen. In der Regel soll eine Methode sicherstellen, dass die wesentlichen Eigenschaften der gegebenen Punktmenge weiterhin bestehen bleiben.

Douglas-Peucker-Algorithmus

Aus der Vielzahl möglicher, oft statistisch begründeter Verfahren wird im Folgenden ein einfaches Beispiel für eine Ausdünnung nach geometrischen Kriterien vorgestellt – die Ausdünnung von Punkten einer Linie oder eines Umrings. Abb. 3-15 beschreibt den Ablauf des *Douglas-Peucker-Algorithmus,* dem wohl bekanntesten Verfahren zur Reduktion von Punkten einer Polylinie, d.h. einer Linie, die aus vielen Stützpunkten besteht. Die grundsätzliche Idee dieses rekursiven Verfahrens besteht darin, dass starke Abweichungen von einem durchschnittlichen Trend dieser Linie beibehalten werden sollen, dafür aber solche Punkte eliminiert werden, die geringe bis gar keine Schwankungen repräsentieren. Dieser Algorithmus ist ein typisches Beispiel für ein Verfahren, das benutzerdefinierte Schwellwerte benötigt, mit deren (zumeist empirischer bzw. iterativer) Auswahl das Resultat stark variieren kann. Ferner wird deutlich, dass sich durch die Löschung von Zwischenpunkten gewisse Eigenschaften der Linie bzw. der umschlossenen Fläche verändern; so ist die Länge einer ausgedünnten Linie stets kürzer als im Original (oder bestenfalls gleich lang).

3.4.2 Räumliche Interpolation

Aufgabenstellung

Die *räumliche Interpolation* verfolgt die Aufgabe, aus einer begrenzten Anzahl von verteilten punkthaften Beobachtungswerten die Werte an anderen, nicht beobachteten Orten zu bestimmen. Somit lassen sich aus einigen Stützpunkten (z.B. Höhen- oder Bohrpunkte, Bodenproben, Temperaturmessungen an Wetterstationen) Werte an Zwischenpositionen schätzen oder sehr dicht verteilte, quasi flächenhafte Darstellungen erzeugen. Die räumliche Interpolation wird auch dann notwendig, wenn eine Umwandlung von einer Oberflächendarstellung in eine andere angestrebt wird. So spricht man vom *Gridding,* wenn aus unregelmäßig verteilten Punkten eine regelmäßige Gitterstruktur abgeleitet oder die Auflösung einer regelmäßigen Darstellung verändert werden soll. Die Erzeugung von Isolinien (z.B. Höhenlinien) aus gegebenen Punkten wird auch als *Contouring* bezeichnet. Im Gegensatz zur Interpolation werden bei der *Extrapolation* Werte geschätzt, die über den Wertebereich der Daten (bezogen auf die räumliche Lage oder die zu interpolierenden Attribute) hinausgehen.

Übersicht Verfahren

Es gibt eine Reihe von Interpolationsmethoden, deren Auswahl nach Art, Umfang, Qualität und anderen Eigenschaften der zu behandelnden Attribute abhängt. So gibt es Ansätze, die aus den gegebenen Stützpunkten mathematisch klar definierte Oberflächenfunktionen (im einfachsten Fall: Ebenen) ableiten. Alternativ werden die Neupunkte aus einer begrenzten Anzahl von Stützpunkten in der Umgebung bestimmt, dies kann auf Basis mathematischer Vorschriften oder unter Berücksichtigung der räumlichen Verteilung nach geostatistischen Methoden erfolgen. Ausgewählte, häufig verwendete Vertreter dieser Ansätze werden im Folgenden kurz dargestellt.

Anpassung an Oberflächen

Die einfachste Variante der Anpassung der gegebenen Stützpunkte an mathematische Oberflächenfunktionen ist die Ableitung einer Horizontal- oder Schrägebene. Diese Variante kann für die Wiedergabe einiger Geländeformen ausreichend bzw. für spezielle Geoobjekte (z.B. Dachformen) sogar erwünscht sein. Für die Definition einer Ebene genügen drei Punkte; liegen mehr vor, kann eine ausgleichende Ebene bestimmt werden. Je nach Anwendung ist vorab zu bestimmen, für welchen Bereich eine Ebene berechnet werden soll und ob Ebenen an den Grenzlinien ineinander übergehen müssen. Alternativ ergibt eine *bilineare Interpolation*, d.h. die lineare Interpolation in zwei rechtwinklige Richtungen zueinander auf Basis von mindestens vier Punkten eine hyperbolische Oberfläche.

Mathematische Berechnung aus Umgebung

Die einfachste Variante der Neupunktbestimmung aus den umgebenden Werten ist die Zuordnung des Wertes des Stützpunktes, der dem Neupunkt lagemäßig am nächsten ist (*Nächste-Nachbarschafts-Methode*). Umgekehrt kann man für das gesamte Gebiet Flächen derart um die Stützpunkte legen, dass die Grenzlinien gleiche Abstände zu benachbarten Stützpunkten besitzen. Mit dieser Zerlegung in *Thiessen-Polygone* (auch: *Voronoi-Diagramme* oder *Dirichlet-Zerlegung*) werden alle Werte innerhalb des Polygons dem Wert des nächsten Interpolationspunktes gleichgesetzt (Abb. 3-16). Dieses Verfahren ist schnell und insbesondere für nominal skalierte

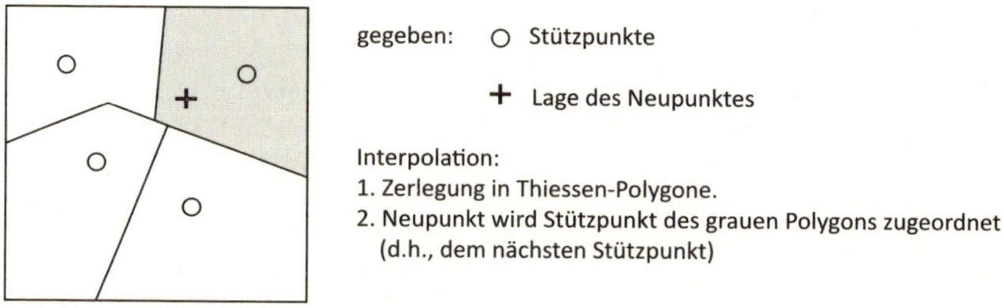

Abb. 3-16: Interpolation aus umgebenden Werten mit Hilfe der Nächsten-Nachbarschafts-Methode (bzw. Thiessen-Polygone)

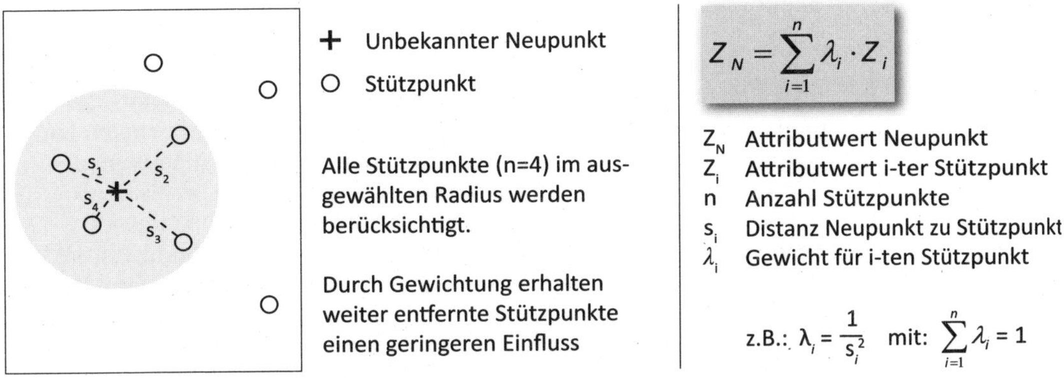

Abb. 3-17: Interpolation aus umgebenden Werten mit Hilfe des IDW-Verfahrens

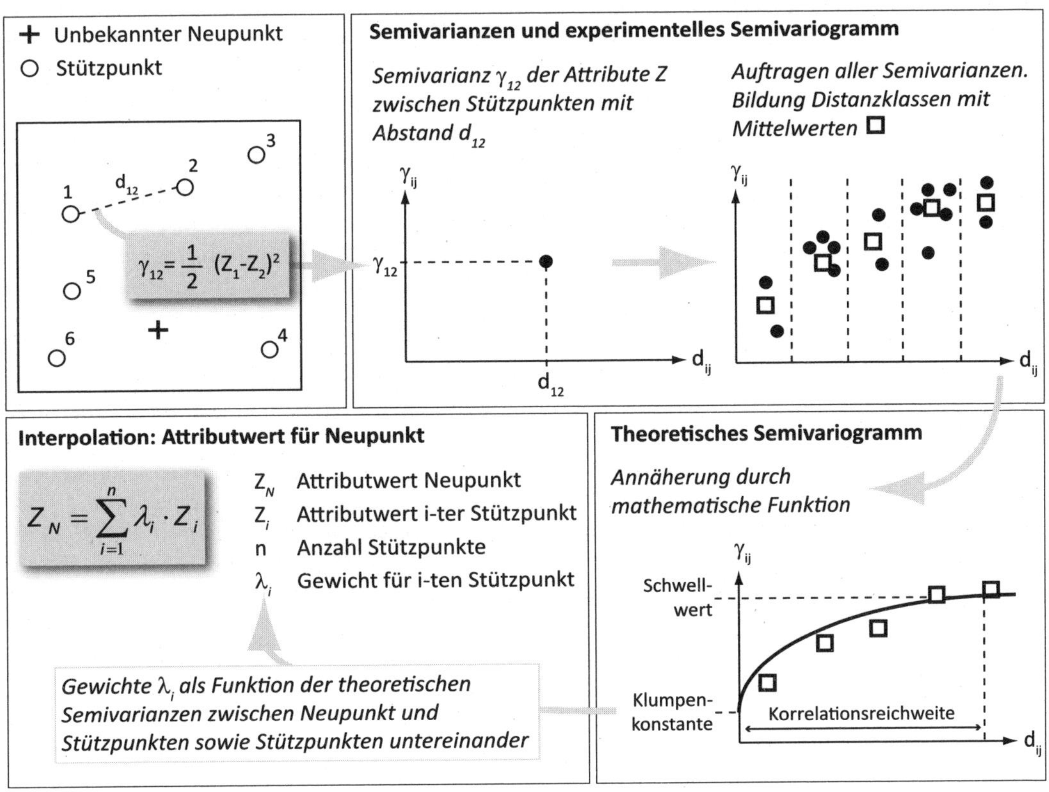

Abb. 3-18: Ablauf der Kriging-Interpolation

Werte (z.B. Landnutzungsklassen) geeignet, bei denen keine „Zwischenwerte" entstehen dürfen.

Ein anderes, sehr häufig angewendetes Verfahren ist das *Inverse Distance Weighting (IDW)*. Hierbei werden die unbekannten Werte des Neupunktes als gewichtetes Mittel aus Stützpunktwerten in der näheren Umgebung gebildet. Die Gewichtung ergibt sich durch den Kehrwert des Abstands zwischen Neu- und jeweiligem Stützpunkt. Typischerweise wird der Abstand potenziert, womit ein unterschiedliches Abklingen zum Außenbereich erzielt werden kann (Abb. 3-17). Der Nutzer bestimmt die Wirkung des Verfahrens über verschiedene Parameter, insbesondere über die Wahl der Potenz (je größer, desto geringeres Gewicht entfernter Punkte), die Anzahl der umgebenden Punkte bzw. den Radius um den Neupunkt und eventuell auch über den Ausschluss von Stützpunkten in gewissen Richtungen (z.B. bei Schadstoffausbreitungen).

Kriging

Im Gegensatz zu den bisher behandelten Verfahren, die einen strikten mathematischen Zusammenhang zwischen benachbarten Punkten herstellen, betrachten geostatistische Methoden die tatsächliche bzw. statistische Verteilung der gegebenen Stützpunkte. Das bekannteste Interpolationsverfahren dieser Art ist das *Kriging*, das einen Oberbegriff für eine Reihe von Schätzmethoden darstellt und im Folgenden grob dargestellt wird (Abb. 3-18).

Das Verfahren beginnt mit der Berechnung der Attributwert-Differenzen (z.B. Höhen-Differenzen) zwischen allen gegebenen Stützpunkte-Paaren. Diese Differenz wird quadriert und aufsummiert (d.h., die Varianz gebildet) und aus mathematischen Gründen halbiert (*Semivarianz*). Die graphische Darstellung der Semivarianzen als Funktion der Punktentfernung führt zum *Semivariogramm*. In diesem werden die Distanzen in eine begrenzte Anzahl von Klassen zusammengeführt und für jede Klasse der Semivarianz-Mittelwert gebildet. Hiermit werden Ausreißer eliminiert und ein eindeutiger Funktionsverlauf garantiert (d.h., evtl. vorhandene mehrfache Funktionswerte zu einem Distanzwert beseitigt). Aus Vereinfachungsgründen werden diese experimentellen Werte nun durch eine mathematisch eindeutige Funktion statistisch und/oder manuell angenähert (theoretisches Semivariogramm). Das Semivariogramm erreicht idealerweise für große Abstandswerte einen *Schwellwert* (engl.: *sill*). Dieser zeigt an, dass die Varianz hier so groß ist, dass kein Zusammenhang zwischen den weit entfernten Stützpunkten mehr besteht. Der Abstand zwischen der Nulldistanz und dem Beginn des Schwellwertes ist die *Korrelationsreichweite* (engl.: *range*), die ein Maß dafür ist, wie weit die räumlichen Zusammenhänge reichen. Schließlich bezeichnet der Schnittpunkt der Funktion mit der Semivarianz-Achse die *Klumpenkonstante* (engl: *nugget variance*), die aufgrund von Rauscheffekten in der Regel nicht bei Null liegt, wie man es für die Attributwertdifferenz von zwei Punkten mit dem Abstand Null erwarten würde.

Wie beim IDW-Verfahren ergibt sich der interpolierte Wert eines Neupunktes aus der Summe der gewichteten Werte aller Stützpunkte. Die Gewichte hängen nun aber von der Distanz zwischen Neu- und Stützpunkt und dem entsprechenden statistischen Verhalten für diese Entfernung ab, das aus dem theoretischen Variogramm abgelesen werden kann. Bei diesem Vorgehen wurde angenommen, dass die Attributwertdifferenzen zwischen Stützpunkten lediglich auf statistisch zufälligen Abweichungen beruhen. Existieren Trends oder andere Einflüsse (z. B. bei richtungsabhängigen Phänomenen), sind diese vorher abzutrennen.

3.5 Datenqualität

Komponenten der Datenqualität

Unter dem Oberbegriff *Qualitätsmanagement* versteht man alle organisierten Maßnahmen, die der Verbesserung der Prozesse und Produkte von der Datenerfassung, Speicherung, Weiterverarbeitung und Verbreitung bis zum Nutzer dienen. Grundlage hierfür ist eine fundierte *Qualitätsbeschreibung*, die sich im Folgenden lediglich auf Unsicherheiten in der Erfassung und der Datenaufbereitung bezieht. Es ist allerdings zu beachten, dass auch die Darstellung der Daten (z. B. mittels einer Karte) und die selektive Wahrnehmung durch den Nutzer zu zusätzlichen Unsicherheiten führt. Die *Datenqualität* wird häufig auf Basis des Standards „DIN EN ISO 19113 – Grundlagen der Datenqualität" mittels Metadaten zu folgenden Komponenten beschrieben:

- *Vollständigkeit* – Präsenz oder Fehlen von Objekten, ihrer Attribute und Beziehungen;
- *Logische Konsistenz* – Einhaltung von logischen Regeln bzw. Widerspruchsfreiheit in der konzeptionellen, logischen und physikalischen Datenstruktur;
- *Geometrische Genauigkeit* – Genauigkeit der Lage und Höhe von Objekten;
- *Zeitliche Genauigkeit* – Korrektheit der Zeitangaben und der zeitlichen Beziehungen von Objekten;
- *Thematische Genauigkeit* – Korrektheit von Attributen (z. B. der Zuordnung von Objekten zu Objektklassen).

Neben diesen Merkmalen werden bei bestimmten Anwendern auch weitere (z. B. die Datenherkunft beim US-amerikanischen Federal Geographic Data Committee) genannt. Viele Qualitätsbeschreibungen für bestimmte Datenprodukte sind von der ISO 19113 abgeleitet. Ein Beispiel ist das Qualitätsmodell des Deutschen Dachverbandes für Geoinformation (DDGI), das als öffentlich verfügbare Spezifikation (Publicly Available Specification, PAS) unter DIN PAS 1071 verzeichnet ist.

Geometrische Genauigkeit

Die Genauigkeit der Lage oder Höhe von Objekten wird in der Regel durch einen stichprobenhaften, punktweisen Vergleich zwischen gemessenen Daten und gegebenen Referenzdaten vorgenommen, wobei letztere als genauer angenommen werden („ground truth"). Aus den jeweiligen Abweichungen in den Koordinaten-Komponenten wird die *Standardabweichung* (im Englischen auch als *Root Mean Square Error, RMSE* bezeichnet) berechnet, die ein Maß für die zufällige Streuung der Werte um den jeweiligen Mittelwert darstellt. Setzt man eine Normalverteilung der Abweichungen voraus, besagt die Angabe der Standardabweichung, dass statistisch gesehen rund 68 % aller Werte in einem Intervall von plus/minus einer Standardabweichung um den arithmetischen Mittelwert herum liegen. Alternativ fordern einige Genauigkeitsspezifikationen, dass ein gewisser Prozentsatz (z.B. 95 %) aller Daten in einem vorgegebenen Werteintervall liegen soll.

Bei der Bestimmung der Standardabweichung wird angenommen, dass ausschließlich zufällige Fehler vorliegen. Systematische Einflüsse (z.B. ein Höhen-Offset aufgrund einer falschen Höhenbezugsfläche) müssen daher vorab eliminiert werden. Im einfachsten Fall erkennt man systematische Einflüsse rein additiver Art durch einen Mittelwert der Abweichungen, der statistisch signifikant von Null verschieden ist.

Thematische Genauigkeit

Die Korrektheit von thematischen Attributen bewertet man ebenfalls durch einen Vergleich mit einer höherwertigen Referenz. Dies führt im einfachsten Fall zu einer binären Entscheidung (d.h. „richtig zugeordnet" bzw. „falsch zugeordnet"). Stellt man weiterhin auf, welche „Soll-Klasse" welchen Klassen in den beobachten Daten (z.B. klassifizierten Fernerkundungsdaten) zugeordnet worden ist, erhält man eine Konfusionsmatrix, die eine detaillierte Fehleranalyse ermöglicht (Congalton & Green, 2009).

3.6 Zuständigkeiten

Behörden

Die Zuständigkeiten für die Erfassung und den Vertrieb von Geodaten verteilen sich auf amtliche, privatwirtschaftliche und private Stellen. Traditionell haben die amtlichen Vermessungsbehörden einen großen Anteil an der Bereitstellung von *Geobasisdaten*, in einigen Fällen wie dem Liegenschaftskataster sogar die alleinige, hoheitliche Zuständigkeit.

- In Deutschland sind die Bundesländer für das amtliche Vermessungswesen verantwortlich. Grundsätzliche und überregionale Angelegenheiten werden in der Arbeitsgemeinschaft der Vermessungsverwaltungen der Länder (AdV) behandelt. Schließlich nimmt das Bundesamt für Kartographie und Geodäsie (BKG) solche Aufgaben wahr, die nicht Ländersache sind (wie z.B. die Herausgabe von topographischen Karten in den Maßstäben 1:200000 bis 1:1 Mio.).
- In Österreich ist das Bundesamt für Eich- und Vermessungswesen (BEV) die zentrale Stelle für das amtliche Vermessungswesen, die über 40 Vermessungsämter verteilt über das Land unterhält.
- In der Schweiz sind amtliche Vermessungen und Katasterangelegenheiten Verbundaufgaben zwischen Bund, Kantonen und Gemeinden. Das Bundesamt für Landestopografie (swisstopo) stellt die Oberaufsichtsstelle dar, während die eigentlichen Vermessungen zumeist durch private Vermessungsbüros durchgeführt werden.

Privatwirtschaft

Aufgrund umsatzkräftiger Anwendungen mit speziellen Anforderungen haben sich inzwischen auch privatwirtschaftliche Anbieter auf dem Geodaten-Markt etabliert. Neben der Firma *Google*, die Karten oder Satellitenbilder als Schnittstelle für Werbung benutzt und darauf einige kostenfreie Dienste (wie die Routenplanung) aufsetzt, gibt es eine Reihe von Anbietern von Luft- und Satellitenbilddaten oder digitalen Karten, z. B. von angereicherten Straßendaten zum Einsatz in Navigationsgeräten.

Privatpersonen

Durch die Verfügbarkeit kostengünstiger GPS-Sensoren (z. B. in mobilen Telefonen) ist es inzwischen auch für Privatpersonen einfach möglich, Geodaten zu erfassen und über das Internet der Öffentlichkeit zur Verfügung zu stellen. Werden die Daten vieler Nutzer zentral und systematisch gesammelt, entstehen frei nutzbare Datenbanken wie z. B. *OpenStreetMap (OSM)*. Nicht zuletzt aufgrund des kostenfreien Zugangs steigt der Umfang und die Nutzung dieser *nutzergenerierten Daten* derzeit rasant an. Gegenüber den amtlichen Daten ist eine flächendeckende Erfassung und Aktualisierung mit vorgegebenen Genauigkeitsansprüchen allerdings nicht garantiert.

4 Verwaltung von Geodaten

Um erfasste Geodaten in einem rechnergestützten System verarbeiten zu können, müssen sie zunächst computergerecht modelliert werden. Das dafür notwendige Datenmodell ist die Grundlage für die weitere Verarbeitung und Auswertung der Daten. Aufgrund der Komplexität der realen Welt muss durch das Datenmodell eine geeignete Vereinfachung und Abstraktion durchgeführt werden. Dabei richtet sich die Datenmodellierung sowohl nach der Art der erfassten Geodaten als auch nach dem Ziel der weiteren Verarbeitung.

Die physikalische Datenspeicherung im Computer beruht in der Regel auf einem Listenmodell und damit einer grundsätzlich sequenziellen, d.h. eindimensionalen Abspeicherung von Datenlisten. Zum Übersetzen der zwei- bzw. dreidimensionalen Geodaten ist es daher notwendig, diesen Raumbezug im Datenmodell abzubilden. Dabei gilt, dass die Daten umso einfacher und überschaubarer zu handhaben sind, je weniger komplex das Datenmodell ist. Ein Beispiel für ein einfaches Datenmodell ist das Rastermodell, welches zur Speicherung und Darstellung von Bilddaten genutzt wird. Generell gilt, dass das Datenmodell die Daten so repräsentieren soll, dass die Zielsetzung der gewünschten Verarbeitung erreicht und die damit verbundenen Auswertungen durchgeführt werden können. Dabei ist ersichtlich, dass eine hundertprozentige Abbildung der realen Welt nicht das Ziel der Datenmodellierung ist und auch nicht angestrebt wird, weil ansonsten eine computergestützte Analyse nicht mehr erreichbar wäre. Eine Analogie dazu stellt die Abbildung der realen Welt in eine Karte im Maßstab 1:1 dar, was ebenfalls jedwede Nutzung ausschließen würde. Durch die Verwendung eines Datenmodells gehen daher Informationen verloren bzw. werden verändert. Somit ist die Auswahl des geeigneten Datenmodells zur computergestützten Verarbeitung von extremer Wichtigkeit.

4.1 Das Vierschalenmodell der Geoinformatik

Der Prozess der Datenmodellierung spielt sich typischerweise in mehreren Phasen ab, die häufig durch das sogenannte Vierschalenmodell der Geoinformatik beschrieben werden (Abb. 4-1).

Räumliches Modell

Die erste Phase dient der Definition des *räumlichen Modells*, d.h. der Bestimmung der zu modellierenden Objekte und ihren Beziehungen zu einander. Für ein Navigationssystem zum Beispiel würde dies bedeuten, dass das Straßennetz so im Rechner abgebildet werden kann, dass Routenberechnungen dort durchgeführt werden können. Zu dieser Phase gehört ebenfalls die Auswahl der dazugehörigen Attribute und ihre Parameter (für das o.g. Beispiel des Navigationssystems also z.B. Straßennamen, Geschwindigkeitsbegrenzungen etc.).

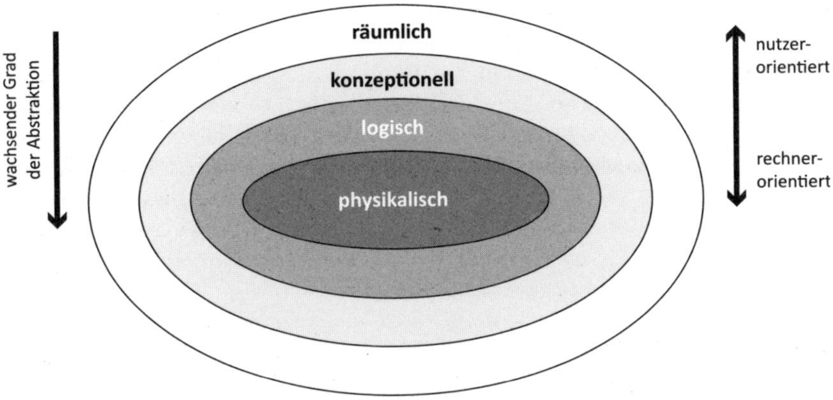

Abb. 4-1: Vierschalenmodell der Geoinformatik

Die zweite Phase besteht aus dem *konzeptionellen Modell*, in dem die ausgewählten Objekte und ihre Attribute geometrisch, thematisch, topologisch und temporal modelliert werden – diese Aspekte werden in den Abschnitten 4.2 bis 4.5 näher behandelt. Häufig ist dieses Modell formal und wird durch Diagramme (z.B. dem sogenannten *Entity-Relationship* (ER)-Modell) oder Tabellen beschrieben (siehe Abschnitt 4.5). Wichtig ist, dass das konzeptionelle Datenmodell von der Implementierung unabhängig ist. Für das o.g. Beispiel des Navigationssystems würde dieser Schritt eine Modellierung der Straßenabschnitte als linienhafte Objekte (Vektoren) vorsehen. Dagegen müssten für ein städtisches Planungsamt Straßen als Flächen beschrieben werden, die dann zusammen mit den anderen städtischen Flächen die Grundlagen für planerische Abfragen und Analysen bilden können.

Konzeptionelles Modell

Das *logische Datenmodell* bildet dann das konzeptionelle Modell in eine Geodatenbank (Abschnitt 4.5) bzw. ein Geographisches Informationssystem (GIS; Abschnitt 5.6) ab. Das logische Datenmodell ist oft identisch mit dem Datenbankmodell (z.B. relational oder objektorientiert).

Logisches Modell

Die letzte Phase, das *physikalische Modell*, gehört zur Kerninformatik. Dieses betrifft die physikalische Datenspeicherung und den Plattenzugriff und ist damit ausschließlich rechnerorientiert. Die nächsten Abschnitte widmen sich daher vertieft dem konzeptionellen und dem logischen Datenmodell.

Physikalisches Modell

4.2 Geometrische Modellierung

Die konzeptionell wichtigste Entscheidung ist die Wahl des geeigneten geometrischen Datenmodells. Thematische, topologische oder zeitliche Komponenten der Geodaten sind jeweils abhängig vom gewählten geometrischen Datenmodell. Daher ist bei der Speicherung und Verwaltung von Geodaten diese Komponente entscheidend. Die geometrischen Eigenschaften von Geodaten dienen zur Beschreibung von Lage und Ausdehnung im Raum. Bezugsgröße ist fast immer ein 2D- oder 3D-Koordinatensystem (siehe auch Kapitel 3.1). Man unterscheidet dabei zwei grundlegende Geometrie-Modelle, das *feldbasierte Modell* (auch Raum-Modell genannt) und das *objektbasierte Modell*. Die Umsetzung bzw. graphische Beschreibung dieser Varianten erfolgt durch Raster- oder Vektor-Modelle.

4.2.1 Feldbasierte Modellierung (Raster)

Für viele geowissenschaftliche Fragestellungen ist der feldbasierte Ansatz das „natürliche" Modell. Beispiele dafür sind: Niederschlag pro Quadratmeter, Temperaturverteilung oder Schadstoffausbreitung im Raum. Diese Größen können durch ein zweidimensionales Verteilungsfeld beschrieben werden, welches entweder für den gesamten Raum oder einen Teilraum definiert ist. Für die Geodatenmodellierung wird in der Regel eine zweidimensionale Beschreibung verwendet. Fragestellungen wie Atmosphären- oder Klimamodellierung hingegen erfordern eine dreidimensionale Feldbeschreibung und können daher nur noch approximativ in einer zumeist zweidimensionalen Geodatenbank modelliert werden. Beispiele und Verfahren zur 3D-Modellierung werden z.B. bei Coors & Zipf (2005) gegeben. Wir beschränken uns im Folgenden auf zweidimensionale Verteilungen, die an räumliche Koordinaten gebunden sind.

Tesselation

Jedes Feld ist eine zweidimensionale Funktion, bei der den einzelnen Orten (bzw. Zellen) ein Feldwert (z.B. eine Höhe) zugewiesen wird. Es gilt, dass die Feldfunktion den Raum überlappungsfrei und vollständig abdeckt (*Vermaschung* bzw. *Tesselation*). Die Anzahl der Vermaschungselemente ist endlich.

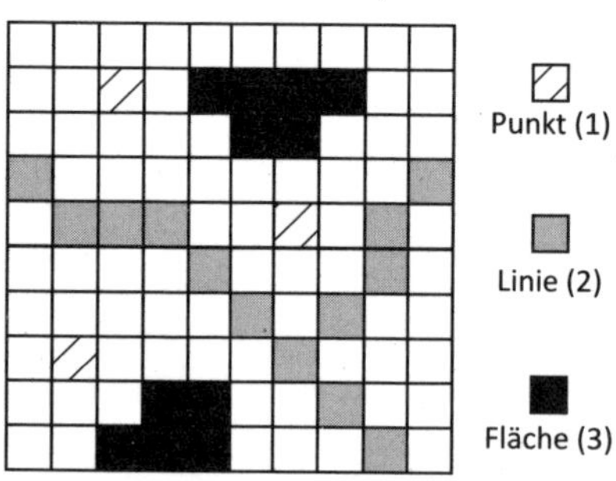

0	0	0	0	0	0	0	0	0	0
0	0	1	0	3	3	3	3	0	0
0	0	0	0	0	3	3	0	0	0
2	0	0	0	0	0	0	0	0	2
0	2	2	2	0	0	1	0	2	0
0	0	0	0	2	0	0	0	2	0
0	0	0	0	0	2	0	2	0	0
0	1	0	0	0	0	2	0	0	0
0	0	0	3	3	0	0	2	0	0
0	0	3	3	3	0	0	0	2	0

Nummerische Repräsentation als Speichermatrix

Abb. 4-2: links und mitte: Quadratisches Raster; rechts: Dreiecksraster (Quaterny Triangular Mesh, QTM; mit freundlicher Genehmigung durch G. Dutton)

Die Umsetzung oder Repräsentation dieses feldbasierten Ansatzes erfolgt in der Regel in einem *Rastermodell*, welches entweder aus einem regelmäßigen oder auch einem unregelmäßigen Raster bestehen kann.

Regelmäßiges Raster

Häufig erfolgt die Aufteilung in quadratische (manchmal auch rechteckige) Rasterzellen, die aus der Bildverarbeitung als *picture elements (Pixel)* bekannt sind. Dabei sind die Eigenschaften einer jeden Rasterzelle einheitlich, sodass eine gröbere Rasterung in der Regel mit einem Verlust an Genauigkeit einhergeht. Das quadratische Raster ist allerdings nicht die einzige Möglichkeit, einen feldbasierten Ansatz zu realisieren. So entwickelte Dutton ein Tesselationsmodell auf der Basis von hierarchisch geschachtelten gleichseitigen Dreiecken, das sogenannte *Quaternary Triangular Mesh*. Der Vorteil dieses Systems liegt in der Möglichkeit, eine dreidimensionale planetarische Modellierung vorzunehmen (DUTTON, 1999).

Irreguläres Raster

Rastermodellierungen beruhen allerdings nicht immer auf einem regelmäßigen Raster. Zur Modellierung von Oberflächen werden häufig auch irreguläre Tesselationen verwendet. Das dazugehörige *Triangulated Irregular Network* (TIN) ermöglicht – im Gegensatz zum quadratischen Rastermodell – eine kontinuierliche Modellierung der Erdoberfläche. Während es beim Rastermodell an den Zellenkanten zumeist zu Höhensprungstellen kommt (Treppenstrukturen), sind beim Dreiecksmodell nur Steigungsänderungen, aber keine Diskontinuitäten möglich. Da ein TIN zudem eine den Höhendifferenzen angepasste Punktdichte besitzen kann (große Geländehöhenunterschiede bewirken eine hohe Punktdichte), bietet es bei der Höhenspeicherung eine große Anzahl von Vorteilen. Im Gegensatz zur Speicherung im quadratischen Rasterformat, welches normalerweise durch Interpolation bestimmt wird, können bei einem TIN exakt vermessene bzw.

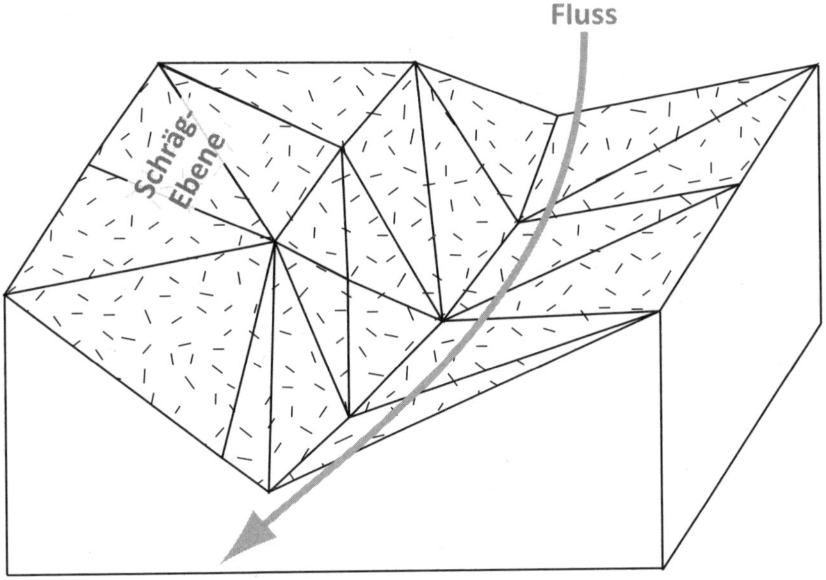

Abb. 4-3: Trianguliertes irreguläres Netzwerk (TIN) eines Geländemodells

ausgesuchte Höhenpunkte verwendet werden, die das Gelände optimal beschreiben. Aus diesen Höhenpunkten wird dann durch Dreiecksvermaschung eine kontinuierliche Oberfläche gebildet (Abb. 4-3). Da die Triangulation einer Punktmenge nicht eindeutig ist, werden Kriterien zur optimalen Dreiecksvermaschung benötigt. Das wichtigste Kriterium ist dabei die sogenannte *Delaunay-Bedingung*. Dabei werden die Punkte so durch Dreiecke vernetzt, dass ein Kreis, der durch jeweils drei Dreieckspunkte gebildet wird, keinen weiteren Höhenpunkt enthält.

4.2.2 Objektbasierte Modellierung (Vektor)

Für die Herstellung eines objektbasierten Modells werden statt der räumlichen Verteilung auf fest vorgegebenen Feldern eindeutig definierbare Objekte im Raum mit den dazugehörigen Attributen betrachtet. Ein Objekt baut dabei auf Punkten, Linien und Flächen auf, deren Lage über Koordinaten beschrieben wird und somit das Geoobjekt eindeutig festlegt. Objekte können dabei nulldimensional (Punkt), eindimensional (Linie, Linienzug) oder zweidimensional (Fläche) sein. Die Zusammenstellung dieser Elemente wird als *Vektormodell* bezeichnet.

Auf der Basis von Punkten können komplexe Objekte wie Streckenzüge, Polygone oder Mehrfachpolygone gebildet werden. Dabei werden über Linien die thematischen Eigenschaften unterschiedlicher Gebiete scharf voneinander getrennt, eine Eigenschaft, die insbesondere der Modellierung menschengemachter Grenzen (Verwaltungsgrenzen, Straßen oder Häuser) angemessen ist. Bei der Modellierung kontinuierlicher Phänomene werden durch Linien scharfe Grenzen vorgetäuscht, die in Wirklichkeit nicht vorhanden sind (z.B. Bodenklassen).

4.2.3 Gegenüberstellung Raster-Vektor

Während in der Frühphase der Geodatenspeicherung und Verarbeitung Verfechter der Rastermodellierung und der Vektormodellierung einander geradezu feindlich gegenüberstanden, ist jetzt allgemein akzeptiert, dass beide geometrischen Modelle in der Geoinformatik notwendig sind und in einem GIS abgebildet werden müssen. Wie aus Abb. 4-4 unschwer zu erkennen ist, erlaubt das Vektormodell eine präzisere geometrische Modellierung, die insbesondere für nicht-natürliche Objekte (Häuser, Straßen, landwirtschaftliche Feldgrenzen) von großem Vorteil ist. Ein weiterer Vorteil der Vektordatenspeicherung liegt darin, dass nur diejenigen Objekte abgespeichert werden müssen, die der Nutzer für seine Analyse benötigt, nicht aber das gesamte Gebiet in ein Raster überführt werden muss. Außerdem erlaubt die Vektorspeicherung eine flexiblere Handhabung von Attributen (siehe Abschnitt 4.3). Das Rastermodell besitzt dagegen Vorteile in der analytischen Verarbeitung, es ist für viele Auswertungen schneller und einfacher als das Vektormodell. Auch die Datenspeicherung ist simpel: Jede Zelle erhält genau einen Wert.

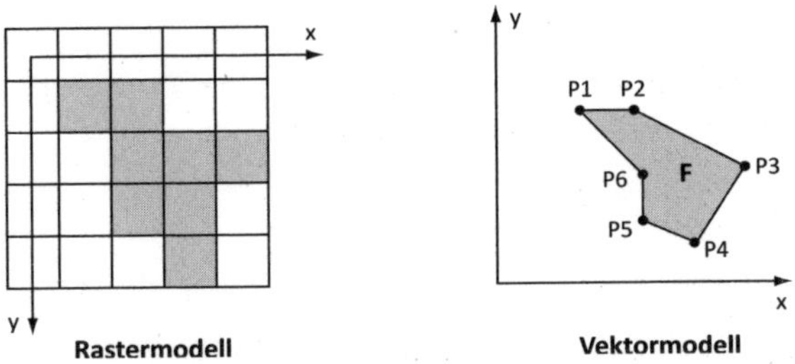

F = { P1, P2,..., P6 }

Punkt	x	y
P1	7,1	14,9
P2	11,7	14,9
P3	21,1	12,6
P4	16,9	3,4
P5	12,5	5,3
P6	12,5	9,3

Abb. 4-4: Beschreibung einer Fläche im Raster- (links) bzw. Vektormodell (rechts)

4.3 Thematische Modellierung

Bei der Modellierung von Geodaten ist es notwendig, dass die thematischen Eigenschaften („was?") mit den geometrischen Eigenschaften („wo?") gemeinsam abgespeichert werden. Dies bildet die Grundlage für eine raumbezogene Analyse. Die thematischen Eigenschaften (*Attribute*) von Geodaten können in vier Klassen eingeteilt werden:

Nominaldaten

- *Nominaldaten* beschreiben Eigenschaften, die rein qualitativ sind. Beispiele sind Landnutzungsklassen, landwirtschaftliche Anbauklassen oder Verwaltungsbezirke. Verschiedene Nominalwerte bedeuten nur, dass die Klassen, zu denen sie gehören, ebenfalls verschieden sind. Eine quantitative Aussage (*mehr, besser, größer*) kann daraus nicht abgeleitet werden.

Ordinaldaten

- *Ordinaldaten* sind nach einem Kriterium sortiert und werden zum Beispiel nach Güteklassen eingestuft (z.B. *sehr gut, gut, mittelmäßig, schlecht, sehr schlecht*). Dabei müssen Ordinaldaten nicht gleichabständig sortiert sein, d.h. dass der Abstand zwischen der ersten und der zweiten Klasse nicht der gleiche sein muss wie zwischen der zweiten und der dritten Klasse. Nominaldaten lassen sich durch eine Reihung in Ordinaldaten umwandeln, z.B. von Bodenklassen zu Bodengüteklassen.

Intervalldaten

- *Intervalldaten* sind metrische Daten mit einer gleichabständigen Skala, sodass hierbei Additionen oder Subtraktionen Sinn machen. Allerdings besitzen Intervalldaten keinen absoluten Nullpunkt, sodass insbesondere Verhältnisbildungen nicht erlaubt sind. Ein Beispiel für Intervalldaten sind Temperaturskalen in Grad Celsius. Man beachte hierbei, dass der Quotient zweier solcher Temperaturen keinen Sinn macht, da z.B. 20°C physikalisch gesehen nicht „doppelt so warm" wie 10°C ist (oder das –Zehnfache [oder] negative Zehnfache von –2°C).

Ratiodaten

- Besitzen die metrischen Daten im Gegensatz zu den o.g. Intervalldaten aber einen absoluten Nullpunkt, werden diese als *Ratiodaten* bezeichnet. Beispiele hierfür sind Messwerte aus dem Gelände (Höhendaten, Schadstoff- oder Niederschlagsmessungen) oder berechnete Daten wie Bevölkerungsdichteangaben.

Diese *thematische Skala* definiert die möglichen Operationen, die auf diesen Attributdaten angewendet werden können (Abb. 4-5).

Datenmodell	*Operationen*
Ratio	vollständige Arithmetik, Statistiken (z.B. Mittelwertbildung)
Intervall	eingeschränkte Arithmetik (Plus, Minus)
Ordinal	Selektionen (z.B. kleiner, größer, gleich, Maximum, Minimum)
Nominal	Maskieren, Permutieren, Häufigkeiten

Abb. 4-5: Thematisches Datenmodell und erlaubte Operationen – hierbei gelten die jeweiligen Operationen auch für die darüber liegenden Zeilen

Layer-Prinzip

Sollen mehrere thematische Zusammenhänge für eine Region beschrieben werden, können diese in thematischen *Ebenen* (engl.: *layers*) dargestellt werden. Abb. 4-6 zeigt das Layer-Prinzip mit Schichten für Gebäude, Straßen, Gewässer und Windräder, die so organisiert sind, dass sie geometrisch genau aufeinander registriert sind und damit eine integrative Verar-

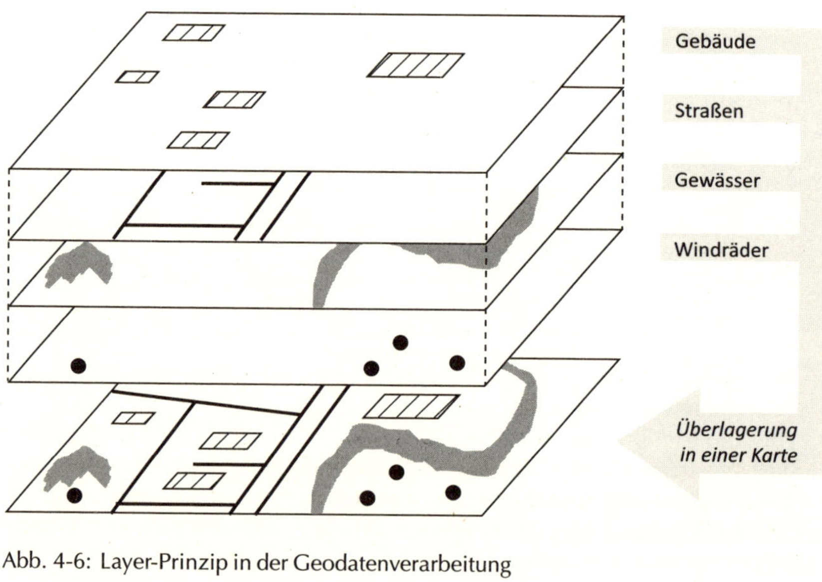

Abb. 4-6: Layer-Prinzip in der Geodatenverarbeitung

beitung erlauben. In einem feldbasierten Datenmodell wird jedes Thema in einem separaten Layer abgelegt. Für ein objektbasiertes Datenmodell ist das Layer-Prinzip ebenfalls gültig, es können aber an einem Geoobjekt mehrere thematische Attribute in einer Tabelle abgelegt werden (siehe Abschnitt 4.5).

4.4 Topologische Modellierung

Topologische Eigenschaften von Geodaten werden zur Beschreibung der relativen räumlichen Beziehungen von Objekten zueinander benötigt. Topologische Beziehungen sind insbesondere Nachbarschaftsbeziehungen, Verbindungen (Konnektivitäten) oder Zugehörigkeitseigenschaften. Abb. 4-7 zeigt exemplarisch mögliche topologische Beziehungen zwischen zwei flächenhaften Geoobjekten. Diese Aufstellung ist die abstrakte Basis für konkrete Fragen, wie z. B. ob es eine Überlappung eines Naturschutzgebietes mit einem vorgesehenen Gebiet für Windkraftanlagen gibt oder ob ein Bohrfeld komplett in einem Staatsgebiet liegt. Zur Berechnung von Routen in einem GIS sind explizite Informationen über die Konnektivität von Straßenabschnitten notwendig.

Egenhofersche Relationen

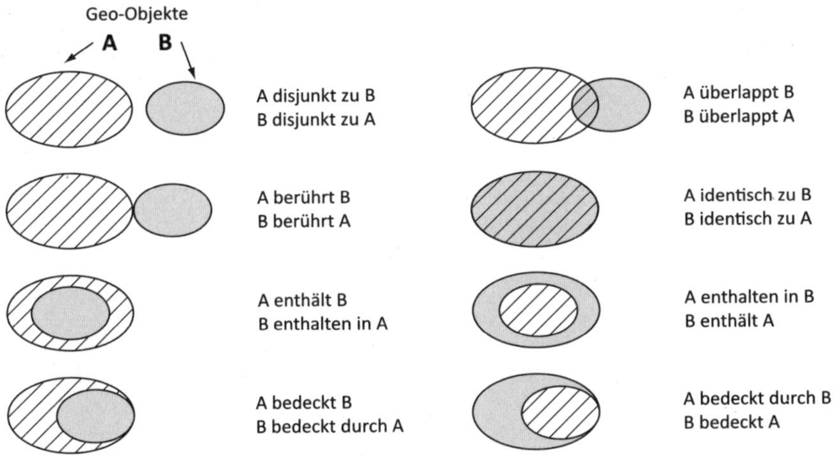

Abb. 4-7: Mögliche topologische Beziehungen zwischen zwei flächenhaften Geo-Objekten (nach EGENHOFER UND MARK, 1995)

Die topologischen Eigenschaften müssen aus den geometrischen Informationen abgeleitet werden. Dies ist ein aufwändiger Prozess, der sinnvollerweise nicht bei jeder Abfrage stattfinden sollte. Stattdessen sollten topologische Beziehungen einmal berechnet und explizit in einer eigenen Datenstruktur abgespeichert werden (siehe Abb. 5-9 in Kapitel 5.4). Hiermit wird eine schnelle Abfrage ermöglicht. Eine explizite topologische Speicherung ist i.d.R. nur im Vektormodell möglich, da im Rastermodell nur jeweils eine Attributebene gespeichert und die Topologie nur über die Nachbarschaften von einzelnen Rasterzellen (N4- bzw. N8-Nachbarschaften) bestimmt werden kann. Besitzen Punkte, Linien und Flächen explizite topologische Eigenschaften, so werden sie in dieser Modellierung als *Knoten* (engl.: *nodes*), *Kanten* (engl.: *edges*) und *Maschen* (engl.: *faces*) bezeichnet. Es lassen sich dann die mathematischen Werkzeuge der *Graphentheorie* darauf anwenden (siehe dazu GRÖGER, 2000 bzw. Abschnitt 5.4).

4.5 Geodatenbanken

Bis in die 1990-er Jahre wurden Geodaten fast ausschließlich in Dateien oder in proprietären Datenhaltungskomponenten gespeichert. Durch verbesserte Leistungsfähigkeit von Datenbanksystemen und ihrer Erweiterung in Richtung räumlicher Datenspeicherung und -verwaltung hat sich die Datenhaltung in Datenbanksystemen in der Geoinformatik durchgesetzt. Dies gilt insbesondere für die Speicherung von Vektordaten, während das einfachere rasterorientierte Datenmodell weiterhin sehr gut in Dateisystemen verwaltet werden kann.

➲ BRINKHOFF (2008)

Allgemein dienen *Datenbanksysteme* (engl.: *database systems*) der dauerhaften Speicherung von Daten, die vom Nutzer abgefragt (engl.: *query*) und verarbeitet werden können. Das *Datenbankmodell* beruht zum einen auf einem definierten *Datenmodell*, welches die Datenverwaltung und -zugriff erlaubt und zum anderen auf einer *Datenbanksprache*, mit deren Hilfe der Nutzer die Daten abfragen und bearbeiten kann. Ein Datenbanksystem besteht aus den Komponenten Datenbank (DB) und dem Datenbankmanagementsystem (DBMS): Die *Datenbank* ist der eigentliche Speicher für die einheitlich beschriebenen und persistent (dauerhaft) ab-

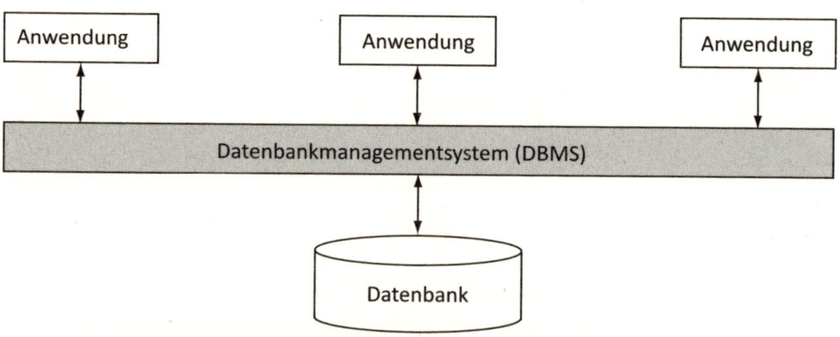

Abb. 4-8: Datenbanksystem bestehend aus der Datenbank zur Speicherung und dem Datenbankmanagementsystem zur Verwaltung der Daten; es erlaubt mehrfache Anwendungen, ohne dass die Daten verändert werden müssen

zuspeichernden Daten. Das *Datenbankmanagementsystem* ist ein Softwaresystem, welches die einheitliche Beschreibung und Verwaltung der Daten sicherstellt und eine schnelle Abfrage der Datenbank ermöglicht (Abb. 4-8).

Relationales Datenbankmodell

In der Praxis hat sich das *relationale Datenbankmodell* durchgesetzt, das in den 1970-er Jahren von Codd entwickelt wurde (CODD, 1970). Konkurrierende Modelle wie das hierarchische oder das Netzwerkmodell konnten sich nicht am Markt behaupten, da sie entweder die Daten nicht redundanzfrei abspeichern konnten oder sich als zu unflexibel in der Erweiterung erwiesen. Auch die Entwicklung von objektorientierten Datenbankmodellen, die seit dem Ende der 1980-er Jahre parallel zur objektorientierten Modellierung und zu der Entwicklung objektorientierten Programmiersprachen einsetzte, hat sich bislang im Geobereich nicht durchgesetzt.

E-R-Modellierung

Grundlage eines relationalen Datenbankentwurfs ist die sog. *Entity-Relationship-(E-R)Modellierung* der realen Welt. Das E-R-Modell dient dazu, die realen Elemente (*Entities*) mit ihren Attributen und Relationen so zu abstrahieren, dass sie in die Datenbank überführt werden können. Entities sind Elemente der realen Welt (z.B. ein bestimmtes Grundstück, die Wettermessstation am Flughafen Frankfurt, die Person Herr Mayer, das Haus in der Müllerstraße 17). Einzelne Entities werden in der Regel zu einem *Entity-Typ* zusammengefasst (Grundstück, Bohrloch, Messstation, Person, Haus). Entities besitzen *Attribute* (z.B. Flurnummer des Grundstücks, Name der Messstation, Schadstoffgehalt einer Bodenprobe, UTM-Koordinate). Die Attribute besitzen Attributwerte (engl.: values), zu ihnen gehört ein konkreter Wertebereich (engl.: domain). Abb. 4-9 zeigt ein Beispiel für eine E-R-Modellierung.

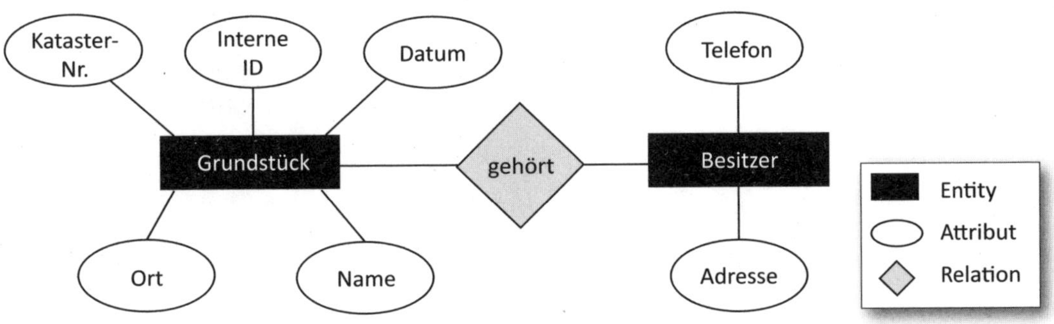

Abb. 4-9: E-R-Modellierung eines Grundstücks

Die Entities können untereinander Beziehungen (engl.: relationships) aufweisen. So besteht in unserem Beispiel aus Abb. 4-9 eine Beziehung zwischen dem Grundstück und dem Besitzer (das Grundstück „gehört" dem Besitzer). Die Menge der Beziehungen zwischen Entity-Typen wird als *Relationstyp* bezeichnet. Dabei gibt es drei verschiedene Relationstypen: Seien A und B zwei Entity-Typen, so gilt Folgendes (Abb. 4-10):

- *1:1-Relationstyp* (one-to-one relationship): Zu jedem Element aus A gibt es genau ein Element aus B mit dieser Beziehung (und umgekehrt). Ein Beispiel dafür ist die Beziehung zwischen Entity-Typ Bundesland und Entity-Typ Landeshauptstadt: Zu jedem Bundesland gibt es genau eine Landeshauptstadt und zu jeder Landeshauptstadt gehört genau ein Bundesland.
- *1:n-Relationstyp* (one-to-many-relationship): Zu jedem Element aus A gibt es ein oder mehrere Elemente aus B mit dieser Beziehung. Ein Beispiel hierfür ist der Entity-Typ Bundesrepublik und Bundesland: Zu einer Bundesrepublik gehören mehrere Bundesländer.
- *n:m-Relationstyp* (many-to-many-relationship): Zu jedem Element des Entity-Typs A gibt es ein oder mehrere Elemente des Entity-Typs B und zu jedem Element des Entity-Typs B gehören ein oder mehrere Elemente des Entity-Typs A. Ein Beispiel dafür ist die Beziehung zwischen Straße und Kreuzung: Zu jeder Straße können mehrere Kreuzungen und zu jeder Kreuzung mehrere Straßen gehören.

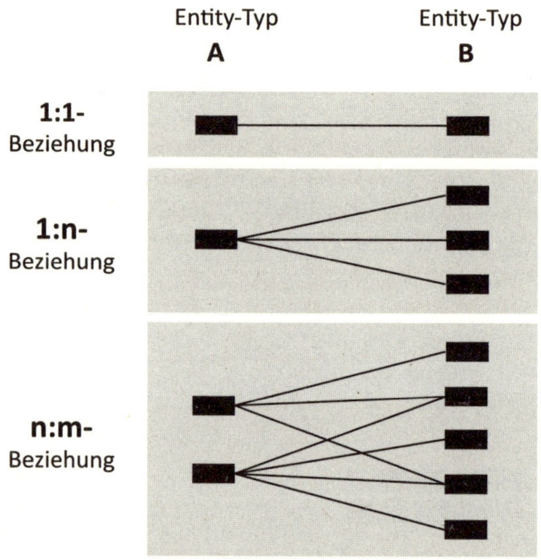

Abb. 4-10: Relationstypen bei der E-R-Modellierung

Tabellen

Zur konkreten Abspeicherung der modellierten Beziehungen werden diese im relationalen Datenbankmodell in Tabellen abgelegt. Hierbei entspricht eine Tabelle einem Entity-Typ, wobei die Spalte einer Tabelle ein Attribut definiert und die Zeile einer Tabelle genaue eine Entity beschreibt. Ein Attribut bzw. eine Attributkombination ermöglicht eine eindeutige Identifizierung einer Entity, sodass niemals zwei identische Zeilen bestehen können. Ein Beispiel einer solchen Tabelle für die Abspeicherung von Großstädten mit zugeordneten Attributen wird in Abb. 4-11 gegeben. Neben den Attributen können in diesen Tabellen Koordinaten und

Attribut

Stadt	Einwohner 1990	Einwohner 2000	Einwohner 2009	Fläche in km²	Bundesland
Berlin	3.433.695	3.382.169	3.442.675	891,02	Berlin
Hamburg	1.652.363	1.715.392	1.774.224	755,25	Hamburg
München	1.229.026	1.210.223	1.330.440	310,40	Bayern
Köln	953.551	962.884	998.105	405,17	Nordrhein-Westfalen
Frankfurt/M.	644.865	648.550	671.927	248,31	Hessen

Entity

Attributwert

Abb. 4-11: Relationale Datenspeicherung für Großstädte in Deutschland (Datenquelle: Wikipedia, Juli 2011)

topologische Beziehungen (siehe Abschnitt 4.4) sowie temporale Attribute als separate Spalten abgespeichert werden, sodass sich das relationale Datenbankmodell ausgezeichnet für Geographische Informationssysteme eignet (Abb. 4-12).

Durch das Datenbankmanagementsystem können Daten in einer relationalen Datenbank einfach eingegeben, ergänzt, manipuliert oder abgefragt werden. Der Standard für relationale Datenbanksysteme ist die *Structured Query Language* (SQL; manchmal auch *Standard Query Language*). Eine Erweiterung der relationalen Datenbanksysteme zur Speicherung und Ver-

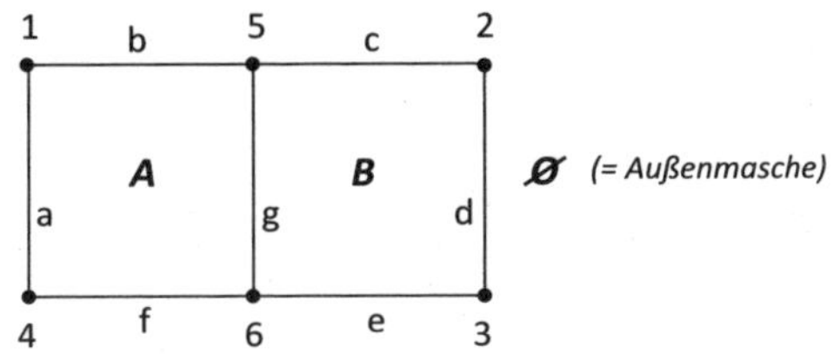

Maschen-Tabelle

ID	Kanten-ID
A	a
	b
	g
	f
B	g
	c
	d
	e

Kanten-Tabelle

Kanten-ID	von Punkt-ID	nach Punkt-ID	linker Nachbar	rechter Nachbar
a	1	4	A	Ø
b	1	5	Ø	A
c	5	2	Ø	B
d	2	3	Ø	B
e	3	6	Ø	B
f	4	6	A	Ø
g	6	5	A	B

Knoten-Tabelle

Punkt-ID	X	Y
1	..	..
2	..	..
3	..	..
4	..	..
5	..	..
6	..	..

Abb. 4-12: Beispiel für die Speicherung topologischer Beziehungen in einer relationalen Datenbank. Die Grundstücke mit den Flurstücknummern A und B werden in der Maschen-Tabelle mit den dazugehörigen Kanten abgespeichert. In der Kantentabelle werden Anfangs- und Endknoten sowie rechter und linker Maschen-Nachbar erfasst. Dabei bedeutet Ø die (unendliche) Außenmasche. In der Knotentabelle können die Koordinaten vorgehalten werden.

arbeitung von raumbezogenen Daten stellen die *objektrelationalen Datenbanksysteme* dar. Diese erlauben die Definition von geometrischen Basistypen als Klassen, wodurch diesen Klassen erlaubte geometrische Methoden hinzugefügt werden können. Damit stellen objektrelationale Systeme eine Verbindung des relationalen und objektorientierten Datenmodells dar. Beispiele für solche Systeme sind *Oracle Spatial* oder *PostgreSQL/PostGIS* aus der OpenSource-Bewegung. Zum Umgang mit objektrelationalen Datenbanksystemen wurde die Datenbanksprache SQL zu *SQL/MM Spatial* für die Nutzung von Geodaten erweitert (BRINKHOFF, 2008).

4.6 Geo-Standards

ISO

Wie bei allen Informatikdisziplinen ist auch für die Geoinformatik die Entwicklung von allgemein gültigen Standards eines der wichtigsten Reifezeichen. Zuständig für die Entwicklung internationaler Standards ist die *International Organization for Standardization (ISO)*, eine juristische Organisation mit etwa 130 Mitgliedstaaten und einem Sekretariat in Genf. Die Mitgliedstaaten entsenden Experten in technische Komitees, die international verbindliche Standards entwickeln. Zuständig für Standards im Bereich von Geodaten ist das technische Komitee 211 (TC211) Geographic Information/Geomatics. Die Ziele der ISO/TC211 befinden sich in Übereinstimmung mit den Bestrebungen zur Schaffung nationaler und internationaler Geodateninfrastrukturen (siehe auch Abschnitt 4.8). Bei der Entwicklung von Standards für den Geoinformatikbereich arbeitet das TC211 mit dem Open Geospatial Consortium (OGC, siehe unten) zusammen. In den meisten Fällen werden Standards gemeinsam entwickelt bzw. der OGC-Standard von der TC211 übernommen.

OGC

➲ www.opengeospatial.com

Das *Open Geospatial Consortium (OGC)*, früher Open Geodata Interoperability Specification Consortium (OGIS), hat sich zum Ziel gesetzt, geographische Informationen und Dienste applikations- und plattformübergreifend zur Verfügung zu stellen. Im Kern geht es dabei um die Definition offener Schnittstellen zur Schaffung möglichst tiefgreifender Verwendbarkeit von Geoinformationen. Dem OGC gehören derzeit über 420 Mitglieder aus Industrie, Behörden, öffentlichen Verwaltungen und Hochschulen an. Ziel der vom OGC verabschiedeten Standards ist nicht die Entwicklung von Standardformaten für den Datenaustausch, sondern die Schaffung der Voraussetzungen für standardisierte Softwarekomponenten. Ergebnis dieser Standardisierung sind die OGC-Spezifikationen. Diese werden als Ergebnis des seit 1994 laufenden *OGC Specification Program* kostenfrei auf der OGC-Homepage zur Verfügung gestellt. Seit 1999 werden in Ergänzung dazu im Rahmen von speziellen, praxisorientierten Fragestellungen (Testbeds, Pilotprojekte auf Basis von Beispielszenarien) Softwarekomponenten realisiert und daraus Standards abgeleitet. Die Aktivitäten erfolgen in Abstimmung mit anderen Industriekonsortien, beispielsweise dem *World Wide Web-Consortium* (W3C) und der *Object Management Group (OMG)*. Durch die Zusammenarbeit mit der ISO/TC211 Arbeitsgruppe werden aus „OGC de facto Standards" schließlich „ISO de jure Standards".

Weit verbreitete Spezifikationen des OGC-Konsortiums sind beispielsweise

- die *Geographic Markup Language (GML)*, eine auf XML basierte Markup-Sprache für den Transport und die Speicherung von Geodaten, welche die Kodierung von Geometrie und Eigenschaften erlaubt,
- der *Coordinate Transformation Service*, der eine Schnittstelle für die Positionierung, das Koordinatensystem und die Koordinatentransformation zur Verfügung stellt,
- der *Location Service* für die Routenberechnung sowie
- der *Catalogue Service* für die Bereitstellung von Metadaten.

Web Services

Mit der fortschreitenden Entwicklung und Nutzung des Internets für die Darstellung und den Zugriff auf Geodaten entwickelte das OGC Standards, die als *Webdienste (Web Services)* bezeichnet werden. Die wichtigsten Webdienste des OGC sind:

- *Web Map Service (WMS)* zur Bereitstellung von Karten als Rasterbilder oder Scalable Vector Graphics (SVG),
- *Web Coverage Service (WCS)* zur Bereitstellung von Rastergeodaten und
- *Web Feature Service (WFS)* zur Bereitstellung von Vektorgeodaten.

Diese Dienste ermöglichen den Zugriff einzelner Nutzer oder Institutionen über das Internet auf Geodaten. Dabei kann der WMS-Zugriff nur für die Visualisierung genutzt werden, während WCS und WFS erlauben, auf Daten zuzugreifen, die anschließend z.B. in einem GIS weiterverarbeitet werden können.

4.7 Web-Mapping und Web-GIS

Die Darstellung von interaktiv erzeugten Karten im Internet (z.B. Google Maps) ist wohl die häufigste Anwendung des Zugriffs auf Geodaten im Internet. Dieser Service gehört zur Kategorie des Web-Mapping, der den Prozess der Generierung einer Karte im Internet beschreibt. Grundlage dazu ist ein sogenanntes *Client-Server Modell*. Der Nutzer ruft über seinen Webbrowser (z.B. *Firefox* oder *Microsoft Internet Explorer*) interaktiv Funktionen auf, die auf einem oder mehreren Servern bearbeitet werden. Dabei wird der Webbrowser des Nutzers als Client bezeichnet. Die Anfragen werden über einen WebServer (z.B. *Apache*) an einen *MapServer* (z.B. *UMN MapServer*) geleitet und dort bearbeitet. Das Ergebnis wird dann in Form einer Karte oder eines Bildes vom MapServer über den WebServer an den Client zurückgesendet (Abb. 4-13). Der Nutzer kann dann interaktiv über seinen Webbrowser in der Karte zoomen oder den Ausschnitt verschieben bzw. Ebenen ein- und ausblenden (BEHNKE ET AL., 2009). Diese Funktion wird als *Web-Mapping* bezeichnet. Erlaubt der WebServer neben der Darstellung auch die Bearbeitung von Geodaten nach dem EVAP-Prinzip, so kann der Nutzer über seinen Klienten auch Geodaten auf der Serverseite bearbeiten. Dann spricht man von einem *Web-GIS* (BEHNCKE ET AL., 2009), (Abb. 4-13). Diese Standards und Techniken bilden die Grundlage für den Aufbau von Geodateninfrastrukturen im folgenden Abschnitt.

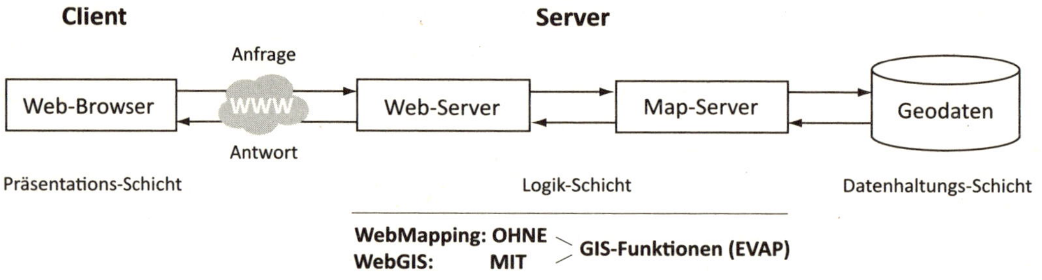

Abb. 4-13: Beispiel für das Funktionsprinzip einer Web-Mapping- bzw. Web-GIS-Anwendung (nach BEHNCKE ET AL., 2009)

4.8 Geodateninfrastrukturen

Der interministerielle Ausschuss für Geoinformation (IMAGI) des Bundes definiert eine *Geodateninfrastruktur (GDI)* wie folgt: „In vielen Bereichen der Wirtschaft, Wissenschaft und der Verwaltung werden mittlerweile im Internet unterschiedliche, mit räumlichen Informationen in Verbindung stehende Dienstleistungen angeboten. Diese Entwicklung ist in annähernd allen Ländern der Welt, insbesondere in Europa, festzustellen. Werden Geodienste und die dazugehörigen Geodaten strukturiert und systematisch koordiniert sowie verwaltungsebenen- und fachübergreifend angeboten, wird dies als Geodateninfrastruktur (GDI) bezeichnet. Eine GDI besteht aus Geodaten einschließlich Metadaten zu deren Beschreibung, Geodiensten und Netzwerken, die auf Grundlage einschlägiger Rechtsnormen, technischer Normen und Standards sowie Vereinbarungen über Zugang und Nutzung koordiniert werden" (KST. GDI-DE, 2008). Eine GDI ist eine aus technischen, organisatorischen und rechtlichen Regelungen bestehende Bündelung von Geoinformationsressourcen, in der Anbieter von Geodatendiensten mit Nachfragern solcher Dienste kooperieren. Im Vordergrund einer Geodateninfrastruktur steht ein auf dem Internet basierendes Geodatennetz, in der Server (meist verschiedener Institutionen) Geodatendienste anbieten und verschiedene (auch mobile) Client-Applikationen jenen nutzen (Abb. 4-14) (EHLERS, 2006).

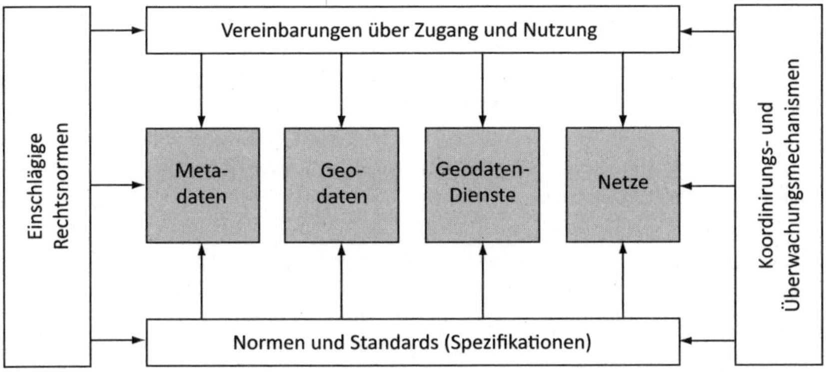

Abb. 4-14: Typischer Aufbau einer GDI (nach KST. GDI-DE, 2010)

Mit der Überwindung von Interoperabilitätsproblemen und der Entwicklung von Standards für die Kommunikation auf der Basis von Geodaten, die das OGC bereitstellt, sind die wichtigsten technischen Probleme für Geodatendienste durch GDIs gelöst. Alle GDI-Vorhaben beruhen auf OGC-Spezifikationen als wesentlicher Konzept- und Standardgrundlage. In der Regel werden sie dann durch weitere *eGovernment* und *eCommerce*-Komponenten ergänzt. Von besonderer Bedeutung sind Authentifikations-, Bestell-, Abrechnungs- und Bezahlfunktionen (WPOS: Webpricing and Ordering and Services), da auf dieser Basis komplexe Verarbeitungsketten für Geodaten flexibel aufgebaut werden können. Geodateninfrastrukturen werden zur Zeit parallel auf europäischer, nationaler, bundesländerbezogener, regionaler und kommunaler Ebene aufgebaut, sodass ein großes Maß an Koordination und Informationsaustausch notwendig ist, um Inkompatibilitäten in den Entwicklungen zu vermeiden. Im Folgenden werden exemplarisch einige europäische und nationale Initiativen behandelt.

4.8.1 EU-Aktivitäten

Eines der Kernprobleme bei der Einrichtung einer GDI in Europa ist, dass Geodaten zwar auf regionaler und lokaler Ebene vorhanden sind, aber oftmals in einem größeren Kontext nicht verwendet werden können. Die Gründe dafür sind vielfältig, angefangen von unterschiedlichen geodätischen Bezugssystemen in den einzelnen Staaten, unterschiedlichen Geschäftsmodellen bei der Abgabe von Daten über inkompatible Datenmodelle bis hin zu fehlenden Angaben über die Qualität der Daten. Ein Überblick über den Bestand von Geodaten in Europa gibt JAKOBSSON (2003). Die wichtigste GDI-Aktivität auf europäischer Ebene stellt ohne Zweifel die Initiative zur *Infrastructure for Spatial Information in Europe (INSPIRE)* dar.

Eine andere wichtige europäische Initiative ist das Programm *Global Monitoring for Environment and Security (GMES)*.

INSPIRE

➲ www.ec-gis.org/inspire

INSPIRE ist eine Initiative der europäischen Kommission mit dem Ziel, die Verfügbarkeit von Geoinformationen für die Formulierung, Implementierung und Evaluierung europäischer Politik zur Verfügung zu stellen. Zunächst ist INSPIRE auf die Bedürfnisse der Umweltpolitik ausgerichtet, andere Gebiete werden schrittweise hinzugenommen. Im INSPIRE-Positionspapier zu Referenz- und Metadaten werden die folgenden Daten als wesentlich für die europäische Geodateninfrastruktur herausgestellt: Geodätisches Datum, Verwaltungseinheiten, Eigentumsrechte an Grundstücken und Gebäuden, Adressen, ausgewählte geographische Themen (Hydrographie, Verkehr und Höhen), Orthobilder und geographische Namen. Im Endausbau soll INSPIRE das Grundgerüst einer europäischen Geodateninfrastruktur bilden. Dabei gelten die folgenden Prinzipien (Ehlers, 2006):

- Daten sollen nur einmal erfasst und gewartet werden und zwar auf der Ebene, auf der es am effizientesten möglich ist.
- Es muss möglich sein, innerhalb der EU Geodaten nahtlos – also über die Staatsgrenzen hinweg – zu kombinieren und diese zwischen verschiedenen Nutzern und Anwendern auszutauschen.
- Daten, die an einer Stelle in der Regierung (Verwaltung) erfasst wurden, sollen auf verschiedenen Ebenen der Verwaltung einsetzbar sein.
- Die benötigten Daten müssen so zur Verfügung stehen, dass ihrer Verwendung für Zwecke der öffentlichen Verwaltung nichts im Wege steht.
- Es soll einfach möglich sein, sich über Verfügbarkeit und Eignung von Geodaten für einen bestimmten Zweck zu informieren und es soll klar sein, unter welchen Voraussetzungen diese verwendet werden können.

Dabei verfolgt INSPIRE auf dem Weg zu einer europäischen Geodateninfrastruktur einen schrittweisen Ansatz: zunächst Standardisierung, dann Harmonisierung und schließlich Integration.

GMES

➲ www.gmes.info

GMES ist eine gemeinsame Initiative der Europäischen Kommission und der Europäischen Raumfahrtbehörde ESA. GMES verfolgt zwei Hauptziele: die Bereitstellung von Daten und die Überprüfung von Modellen zum Verständnis globaler Umweltphänomene einerseits sowie die Evaluierung und Prävention anthropogener oder natürlicher Katastrophen andererseits. Beide Ziele stehen im Zusammenhang mit der Sicherheit der Bürger in Europa. Dabei wurden folgende thematische Schwerpunkte gesetzt: Landnutzung und Vegetation, Wasserressourcen, Anwendungen im ozeanischen und maritimen Bereich, Atmosphäre, Sicherheit.

➲ www.epa.gov/geoss

Nachdem die ersten GMES-Initiativen im Rahmen von internationalen europäischen Forschungsprojekten entwickelt wurden, soll ab 2013 das System auf europäischer Ebene operationell werden. Dazu zählt auch der Start von insgesamt fünf vorgesehenen so genannten Sentinel-Satelliten. Weltweit ist GMES als europäische Komponente der internationalen Initiative *Global Earth Observation System of Systems (GEOSS)* anzusehen, welches das Management für freie und global zugängliche Informationen über die Erde als Ziel besitzt.

4.8.2 GDI-DE

Die *Geodateninfrastruktur Deutschland (GDI-DE)* ist ein gemeinsames Vorhaben von Bund, Ländern und Kommunen. Mit dem Aufbau der GDI-DE soll die Vernetzung von Geodaten über Verwaltungsgrenzen hinweg erreicht werden (Abb. 4-15). Komplexe Entscheidungsprozesse in Verwaltung, Wirtschaft und Politik, z.B. bei Fragen des Umweltschutzes, der Sicherheit oder Standortentscheidung, sollen damit effizient unterstützt werden. Aufbau und Betrieb der GDI-DE sind in die internationalen Entwicklungen und Rahmenbedingungen eingebettet. In Europa ist dies der Aufbau der *European Spatial Data Infrastructure* (ESDI), die aktuell durch die europäische INSPIRE Richtline getragen wird.

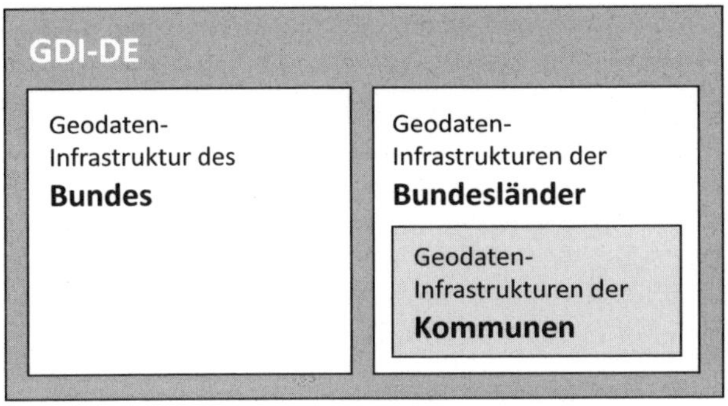

Abb. 4-15: Hierarchischer Aufbau der GDI-DE unter Einbeziehung des Bundes, der Länder und der Kommunen (nach: KST. GDI-DE, 2010)

Die föderale Struktur der Bundesrepublik und die damit verbundene Hoheit zur Erfassung von Geodaten, die bei den Bundesländern liegt, machen es erforderlich, den Aufbau der GDI-DE zwischen Bund, Ländern und Kommunen abzustimmen. Als zuständiges Gremium fungiert das Lenkungsgremium GDI-DE, das sich aus Vertretern des Bundes, der Länder und der kommunalen Spitzenverbände zusammensetzt. Dieses Lenkungsgremium steuert und koordiniert nicht nur den Aufbau und die Entwicklung der GDI-DE, sondern nimmt gegenüber der EU die Funktion der nationalen Anlaufstelle zur Umsetzung der INSPIRE-Richtline wahr und legt das Arbeitsprogramm fest. Die föderale Struktur der Bundesrepublik spiegelt sich auch in der dezentralen Architektur der GDI-DE wider. Die GDI-DE berücksichtigt dabei verschiedene Datenquellen, Geodatendienste und Anwendungen, die alle über das Internet zur Verfügung gestellt werden können. Diese reichen vom einfachen Auffinden und Visualisieren der Geodaten bis hin zu Download- und Prozessierungsdiensten (Abb. 4-16).

Geoportal.Bund

Mit dem Geoportal.Bund ist eine einheitliche Web-Adresse vorhanden, die es jedem Nutzer ermöglicht, sich über bundesweite, landesweite oder regionale Geodatensammlungen zu informieren und zu den jeweiligen

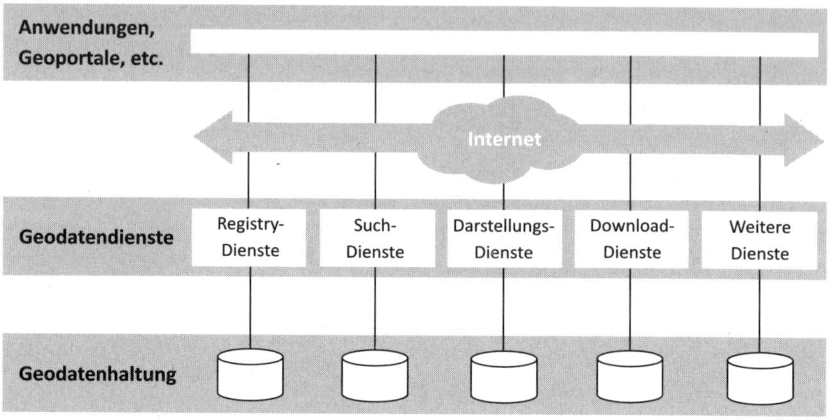

Abb. 4-16: Dezentraler Aufbau und Nutzung der GDI-DE (nach: KST. GDI-DE, 2010)

Portalen verlinkt zu werden. Über einen BasisViewer kann sich der Nutzer gezielt über seine Region und die dafür vorhandenen Geodaten informieren (Abb. 4-17). Die Geodatenportale der Bundesländer lassen sich ebenfalls über das Geoportal.Bund aufrufen. Das gleiche gilt für kommunale

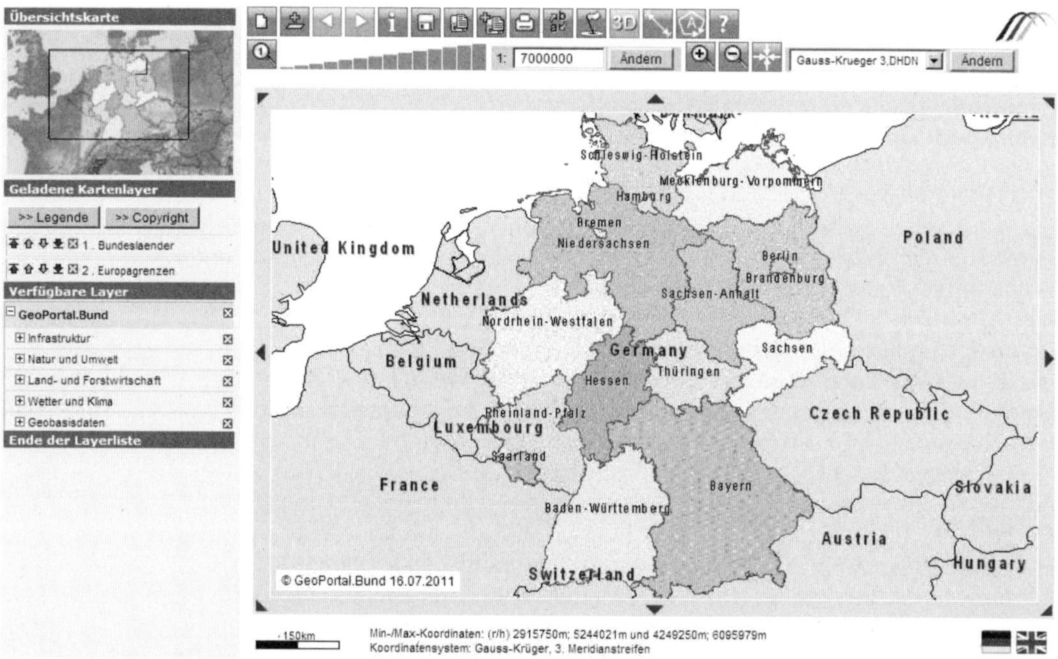

Abb. 4-17: GDI-DE Basisviewer im Geoportal.Bund
(Quelle: http://ims1.bkg.bund.de/navigator)

GDIs, die allerdings nur vereinzelt hier vertreten sind. Es wird gerade am Beispiel der Bundesrepublik sehr deutlich, dass die Probleme beim Aufbau einer Geodateninfrastruktur nicht mehr in der Technik oder den nicht vorhandenen Standards liegen, sondern eher im politisch-organisatorischen Bereich.

Als Beispiel für eine nicht-staatliche GDI, die auf OpenSource Software und freien Geodaten aufbaut, wird im folgenden Abschnitt der Radroutenplaner „Fahrradies" als Fallstudie vorgestellt.

4.9 Fallstudie: Entwicklung eines interaktiven Radroutenplaners unter Verwendung von freien Geodaten und OpenSource Software

Im Rahmen eines Studienprojekts an der Universität Osnabrück wurde eine Web-Mapping-Anwendung entwickelt, die auf der Basis von freier Software und freien Geodaten konzipiert und implementiert wurde. Die grundlegenden Komponenten ihres Systems werden im Folgenden diskutiert.

➲ www.fahrradies.net

OpenSource Software

OpenSource Software kann jeder Anwender in beliebiger Weise nutzen, analysieren, kopieren, verändern und weiterverbreiten. (Henkel, 2007). Open Source bedeutet dabei nicht, dass die Software zwangsläufig kostenlos zu erwerben ist, vielmehr ist das wesentliche Merkmal die Freiheit der Nutzer im Umgang mit der Software. Dabei muss die Software den Forderungen entsprechen, die in der OpenSource Definition der *OpenSource Initiative (OSJ)* beschrieben sind (Mitchell, 2008). Heutzutage existieren viele Produkte, die nach dem OpenSource Konzept arbeiten. Zu den bekanntesten gehören das Betriebssystem *Linux*, der Webbrowser *Firefox* und die Bürosoftware *OpenOffice*. Für die Bearbeitung von Geodaten existiert ebenfalls eine Vielzahl von Produkten, deren wichtigste das GIS *GRASS*, die Geodatenbank *PostgreSQL/PostGIS* und der *UMN MapServer* sind.

OpenStreetMap

➲ www.openstreetmap.de

OpenStreetMap (OSM) ist ein Projekt, das im Jahre 2004 von Steve Coast in Großbritannien gestartet wurde. Das Ziel ist eine freie Weltkarte, die für jeden verfügbar ist. Dabei bedeutet „frei" wiederum nicht, dass es sich ausschließlich um kostenlose Daten handelt, sondern vielmehr, dass die Daten von jedem genutzt werden dürfen. Grundlage für die Verwendung der Daten ist die *Creative Commons Attribution-Share Alike* 2.0 Lizenz (Ramm & Topf, 2008). Diese beinhaltet, dass die Daten zwar bearbeitet und genutzt werden dürfen, aber alle daraus entstehenden Produkte wieder frei zur Verfügung gestellt werden müssen. Um dieses OpenStreetMap-Projekt umzusetzen, sind Nutzer auf der ganzen Welt aktiv und zeichnen mit GPS-Geräten Geodaten wie Straßen, Gebäude, Spielplätze, Restaurants etc. in ihren Regionen auf. Weltweit waren 2011 über 400000 Nutzer registriert, wobei die Zahl stetig zunimmt.

PostgreSQL/PostGIS

➲ www.postgresql.de

PostgreSQL ist ein objektrelationales Datenbankmanagementsystem, das als OpenSource Programm frei verfügbar ist und ohne Lizenzierung im Internet zur Verfügung steht. Ursprünglich wurde Postgres als universitäres Projekt am Berkeley Computer Science Department der University of California entworfen. Seither wurde von vielen Entwicklern auf der ganzen Welt an diesem Code weitergearbeitet, der 1996 den Namen PostgreSQL erhielt. PostgreSQL erlaubt Benutzern, das System um selbstdefinierte Datentypen, Operatoren und Funktionen zu erweitern. Eine Erweiterung von PostgreSQL stellt *PostGIS* da, welches die Speicherung und Analyse von Geodaten erlaubt. Dabei folgt PostGIS der OGC-Spezifikation für *Simple Features* und besitzt daher große Relevanz für den Umgang mit Geodaten.

OpenLayers

OpenLayers ist eine Java-Script-Bibliothek, die es ermöglicht, Geodaten in einem Webbrowser anzuzeigen. Bei OpenLayers handelt es sich um eine Programmierschnittstelle, die eine clientseitige Entwicklung unabhängig vom Server zulässt. OpenLayers stellt typische Web-Mapping-Elemente bereit, wie zum Beispiel eine Skala zum Verändern des dargestellten Maßstabs und Editierelemente zum Kartendesign. Unter anderem werden Daten von OpenStreetMap mittels OpenLayer im Internet dargestellt. OpenLayers bietet dabei nicht nur Schnittstellen zu den standardisierten OGC-Formaten (Web Feature Service bzw. WebMapService) an, sondern auch zu proprietären Formaten wie z.B. zu *Google Maps* und zu *Yahoo Maps* (Jansen & Adams, 2010).

pgRouting

pgRouting ist eine Erweiterung von PostGIS zur Berechnung von kürzesten Wegen. Damit können PostGIS-Datenbanken Funktionalitäten zur Routenplanung hinzugefügt werden. pgRouting ermöglicht dabei das Erstellen von Topologien und das Lösen unterschiedlicher Routing-Probleme. Zur Berechnung der kürzesten Wege greift pgRouting auf den Algorithmus von Dijkstra (1959) zurück. Dieser Algorithmus berechnet den kürzesten Pfad zwischen einem Startknoten und einem Zielknoten in einem topologischen Netzwerk. Die Grundidee des Algorithmus ist es, immer derjenigen Kante zu folgen, die den kürzesten Streckenabschnitt vom Startknoten aus verspricht. Andere Kanten werden erst dann verfolgt, wenn alle kürzeren Streckenabschnitte beachtet wurden. Dieses Vorgehen gewährleistet, dass bei Erreichen eines Knotens kein kürzerer Pfad zu ihm existieren kann. Der Dijkstra-Algorithmus findet stets die optimale Lösung.

UMN MapServer

Der *UMN MapServer* (jetzt nur noch MapServer) wurde Mitte der 1990er Jahre an der University of Minnesota als OpenSource System entwickelt. Der MapServer kann unter fast jedem Betriebssystem (*UNIX, LINUX, Windows*) und fast jeder Webserver-Software eingesetzt werden. Er ist in der Lage, auf proprietäre und offene Datenformate zuzugreifen und ist dadurch extrem flexibel. Neben den fertigen Lösungen kann der MapServer durch eine MapScript-Sprache angepasst werden (Kropla, 2005).

Vervollständigung der OSM-Daten

Nach einer Bestandsaufnahme des Zustandes der OpenStreetMap Daten für die Region wurden die OSM-Daten überprüft sowie ergänzt. Dabei wurde insbesondere darauf geachtet, dass für Fahrradfahrer relevante Parameter wie „Zustand der Oberfläche", „ein- oder zweiseitiger Fahrradweg" oder „Einbahnstraße für Fahrradfahrer in entgegengesetzter Richtung befahrbar" aufgenommen wurden. Gleichzeitig wurden existierende Radroutenplaner im Internet analysiert und deren Stärken und Schwächen herausgearbeitet. Auf der Grundlage dieser Analyse erstellten die Studenten den Funktionsumfang des von ihnen zu entwickelnden Radroutenplaners (Tab. 4-1).

Tab. 4-1: Funktionsumfang des Radroutenplaners *Fahrradies*

Standardfunktionen	**Funktionen abgeleitet aus der Analyse anderer Projekte**	**Erweiterungen durch das Studienprojekt**
Berechnen einer Route zwischen zwei Punkten Verbale Routenbeschreibung Druckfunktion Export auf mobile Geräte	Profilauswahl Höhenprofil Profileditor Adresssuche Themenrouten POI *Popups* Zwischenpunkte setzen Bereichsvermeidung Routenlink	Universitäts- und Hochschulsuche Routenbewertung Zwischenpunkte in fester und optimaler Reihenfolge

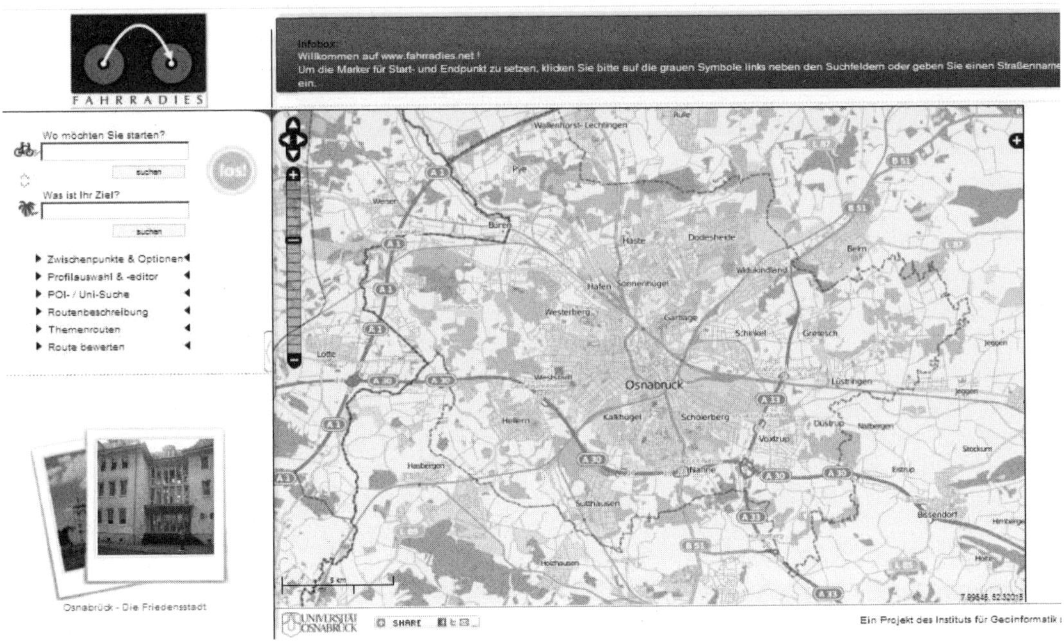

Abb. 4-18: Graphische Nutzeroberfläche für „Fahrradies" mit Logo (oben links), Infobox (oben Mitte), Buttons (oben rechts), Menüauswahl und Menüfeld (links) und Kartenfenster (rechts)

Um Anwender von einem Radroutenplaner zu überzeugen, genügt es nicht, nur viele Funktionen anzubieten. Ebenso wichtig ist ein attraktives und modernes graphisches Erscheinungsbild, mit dem eine einfache und intuitive Bedienung durch den Nutzer gewährleistet ist. (siehe Abb. 4-18).

Routenplanung

OSM-Daten eignen sich in ihrer ursprünglichen Form nicht für die Benutzung mit pgRouting. Da sie keine Topologie (also keine Verbindungen zwischen den Straßenabschnitten) aufweisen, kann auf ihnen der Dijkstra-Algorithmus nicht ohne Modifikation angewendet werden. Durch das Tool OS2pgRouting werden Informationen für Straßen aus der OSM-XML Datei direkt in die Datenbank eingelesen und für die Routenberechnung aufbereitet. Jede Straße erhält dabei eine eigene Identifikationsnummer sowie einen Start- und einen Endknoten. Damit wird erreicht, dass die OSM-Daten eine routenfähige Topologie erhalten. Ein weiteres Problem lag darin, dass der Dijkstra-Algorithmus für die Berechnung der Routenlänge nur die Knoten zugrunde legt. Wenn der Nutzer interaktiv den Startpunkt nicht auf einen definierten Knoten, sondern irgendwo entlang eines Straßenabschnittes setzt, muss dieser Straßenabschnitt zu der Route hinzugezählt bzw. von der Route abgezogen werden. Damit ist es möglich, eine exakte Längenberechnung für die kürzeste Wegeplanung durchzuführen.

Fahrradbenutzer suchen allerdings nicht immer die kürzesten Wege bei der Verbindung zwischen Start- und Endpunkt. Dazu erlaubt der Radroutenplaner „Fahrradies" die Realisierung von unterschiedlichen Profilen. Abb. 4-19 zeigt den Vergleich einer Routenberechnung für identische Start- und Endpunkte mit dem Profil „sportlich" bzw. „offroad". Durch die Überlagerung mit frei verfügbaren Höhendaten von der Shuttle-Radar-Topography-Mission (SRTM) können auch Höhenprofile für den Nutzer berechnet werden, um einerseits die Ansprüche eines Mountainbikers zu befriedigen oder andererseits familienfreundliche Fahrradwege ohne allzu

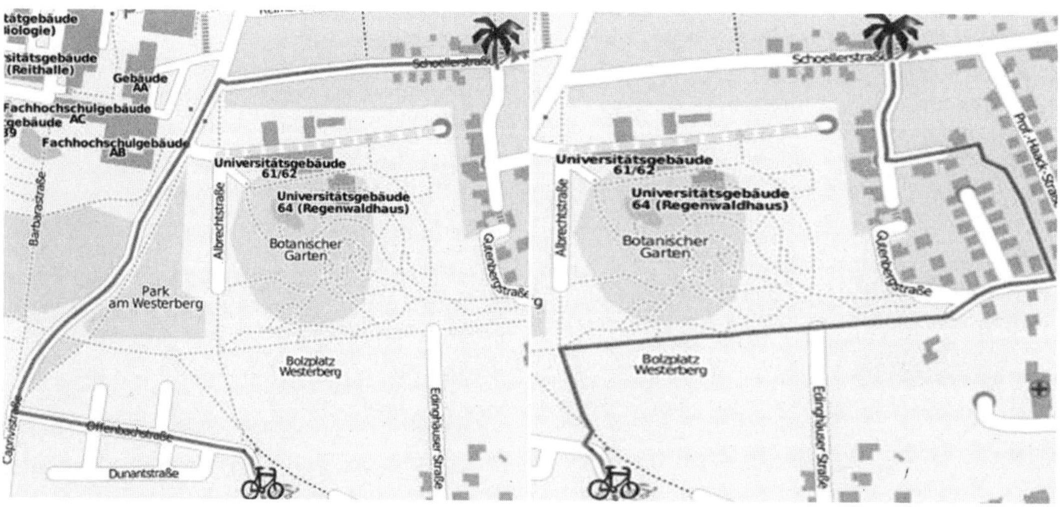

Abb. 4-19: Routenberechnung für das Profil ‚sportlich' (links) und ‚offroad' (rechts)

große Steigungen zu bestimmen. Durch individuelle Eingaben zum Profil kann jeder Nutzer seine spezielle Komponente zur Routenplanung in das System einbringen. Der Radroutenplaner für den Raum Osnabrück ist unter (http://igf-project.igf.uos.de/fahrradies) zur freien Nutzung und zur Erweiterung im Internet verfügbar.

Die Entwicklung von „Fahrradies" ist eine typische Web-GIS Anwendung, da der Server über eine gewisse GIS-Funktionalität (hier Routenberechnung) verfügt. Damit ist es ein Beispiel für die sich entwickelnden Geodateninfrastrukturen, die Geodaten und abgestufte Funktionalität bereitstellen und zumeist aus dem öffentlichen Bereich kommen.

5 Analyse von Geodaten

Das Ziel analytischer Funktionalitäten besteht darin, neue Erkenntnisse zu erzeugen und Entscheidungen zu unterstützen – oder abstrakt ausgedrückt: *Rohdaten* in nutzbare *Informationen* umzuwandeln. Diese Funktionen sind also in der Lage, Fragen zu beantworten, die sich auf die verschiedenen Eigenschaften von Geodaten beziehen, konkret auf

- *geometrische Merkmale* (z.B.: Wie groß ist mein Grundstück? Ist das Meer von meinem Hotelfenster aus sichtbar?);
- *thematische Merkmale* (z.B.: Wer ist der Eigentümer dieses Grundstückes? Wie viele Seen gibt es in Finnland?);
- *topologische Merkmale* (z.B.: Was ist die kürzeste Route von A nach B? Welche Grundstücke grenzen an mein Grundstück?);
- *zeitliche Merkmale* (z.B.: Wann erreichte die Arbeitslosenquote in Land C ihr Maximum? Wann gab es Veränderungen der Landnutzung?).

Die Abschnitte 5.1 bis 5.5 beschreiben ausgewählte, nach diesen Merkmalen sortierte Funktionalitäten. Hierbei wird deutlich, dass oft keine strenge Trennung zwischen den genannten Eigenschaften möglich ist – insbesondere die Einbeziehung der räumlichen Komponente ist für Geodaten typisch, in den meisten Fällen sogar zwingend erforderlich. Für den praktischen Gebrauch werden analytische Funktionen neben anderen Verfahren in Geographischen Informationssystemen (GIS) zusammengefasst, deren wichtigsten Eigenschaften in Abschnitt 5.6 betrachtet werden. Aufbauend auf dieses Methodenwerkzeug werden in Abschnitt 5.7 zwei Fallstudien präsentiert, die jeweils eine Reihe von analytischen Funktionalitäten miteinander kombinieren – einmal auf Basis von Vektor-, einmal auf Grundlage von Rasterdaten.

5.1 Geometrische Analysen

5.1.1 Lage

Die Bestimmung geometrischer Parameter in der Ebene beantwortet viele häufig gestellte Fragen, wie z.B. nach Entfernungen oder Winkeln zwischen Punkten sowie Größen oder Formen von Flächen. Diese Parameter sind oft auch notwendige Informationen für andere thematische oder topologische Analysen.

Koordinaten

Voraussetzung für die Bestimmung der geometrischen Eigenschaften ist die Festlegung der Positionen von Geoobjekten oder ihrer Bestandteile mit Hilfe von Koordinaten. Betrachtet man nur die Ebene, verwendet man in der Regel ein metrisches und rechtwinkliges (auch: kartesisches) Koordinatensystem zur Definition von 2D-Koordinatensystemen (siehe auch Abschnitt 3.1.1). Bei der eigentlichen Koordinatenbestimmung gibt es eine Reihe von Ungenauigkeitsquellen: Neben den ursprünglichen Erfassungsfehlern führen Messunsicherheiten (von z.B. 0,2 mm bei der Kartendigitalisierung) je nach Darstellungsmaßstab zu signifikanten Lagefehlern (von z.B. 10 m bei einem Maßstab von 1:50000). Begrenzte Auflösungen am Bildschirm (mit Lochmaskengrößen um 0,3 mm) oder beim Einscannen von Kartenvorlagen erzeugen zusätzliche Abweichungen. Schließlich ist zu beachten, dass nicht alle zu messenden Punkte exakt zu definieren sind (z.B. eine Kreuzung bei flächenhaft dargestellten Straßen), sodass weitere „Zielfehler" hinzukommen.

Entfernungen

Die Bestimmung von ebenen Entfernungen lässt sich im Kern immer auf die Formel von Pythagoras reduzieren (Abb. 5-1). Setzt sich eine Linie aus mehreren Segmenten zusammen, werden die Einzellängen addiert. Die Genauigkeit der Streckenlänge ergibt sich nach dem Gesetz der Fehlerfortpflanzung, das auf die oben beschriebenen Ungenauigkeiten der Punktkoordinaten angewendet wird. Hinzu kommt, dass im Vektormodell Strecken meist zu kurz bestimmt werden, weil real existierende, mäandrierende Verläufe zu Geraden bzw. geraden Segmenten vereinfacht werden. Im Rastermodell werden Entfernungen zumeist als Ausbreitung entlang der möglichen Nachbarzellen modelliert, wodurch i.d.R. die Entfernungen überschätzt werden. Geschieht die Streckenberechnung dagegen über die Koordinaten der Mittelpunkte der Rasterzellen, können je nach Größe der Zellen und realer Lage einer Linie die Entfernungen zu kurz oder zu lang bestimmt werden (Abb. 5-1).

Winkel

Winkel zwischen zwei gegebenen Linien (z.B. den Ausbreitungsrichtungen eines Schadstoffs ausgehend von einer Quelle) lassen sich über trigonometrische Funktionen berechnen. Auch hier sind die Positionsgenauigkeit der Linienpunkte sowie evtl. weitere Unsicherheiten bedingt durch eine gerasterte Darstellung zu beachten.

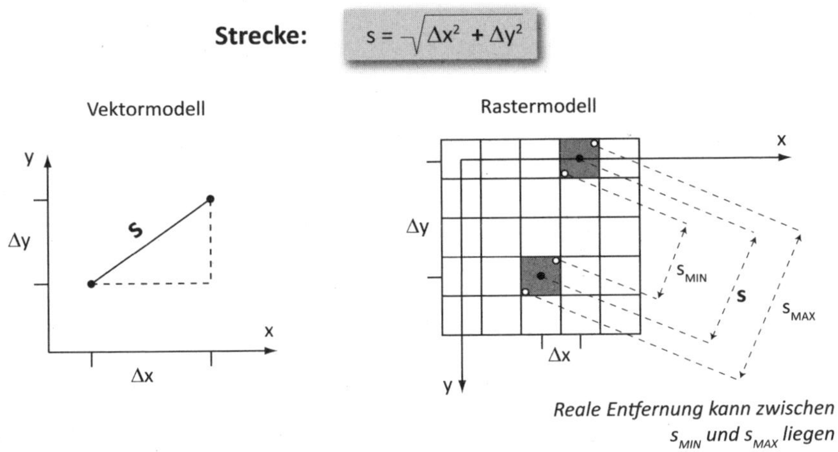

Abb. 5-1: Berechnung von Entfernungen im Vektor- und Rastermodell

Flächen

Die Bestimmung von Flächengrößen (z.B. von Grundstücken oder Getreideanbaugebieten) lässt sich für den Vektorfall mit den einfachen Formeln für Drei- oder Vierecke nur sehr aufwändig durchführen, weil die Flächen in der Regel sehr viele Eckpunkte aufweisen. Anstatt die Vielecke schrittweise zu zerlegen, bietet die *Gaußsche Flächenformel* eine kompakte Möglichkeit zur Berechnung der Polygonfläche allein aus den Koordinaten der Eckpunkte (Abb. 5-2). Die Genauigkeit der Flächenbestimmung hängt wie bei der Berechnung von Entfernungen von der Lagegenauigkeit der Eckpunkte ab. Für einige Anwendungen (z.B. die Platzierung eines Wortes in einer Karte) ist die Bestimmung des Mittelpunkts der Fläche notwendig (*Zentroid; Schwerpunkt*). Dies kann auf unterschiedliche Weise erfolgen, z.B. durch eine (bei Bedarf auch gewichtete) Mittelbildung aller Koordinatenpaare.

Flächengröße:

$$F = \frac{1}{2} \sum_{i=1}^{n} y_i \cdot (x_{i-1} - x_{i+1})$$

n: Anzahl der Eckpunkte

x_i, y_i: Koordnaten des i-ten Eckpunktes

Reihenfolge der Punkte im Uhrzeigersinn

Beispiel für n = 5:

$$F = \frac{1}{2} [\, y_1 \cdot (x_5 - x_2) + y_2 \cdot (x_1 - x_3) + \ldots + y_5 \cdot (x_4 - x_1) \,]$$

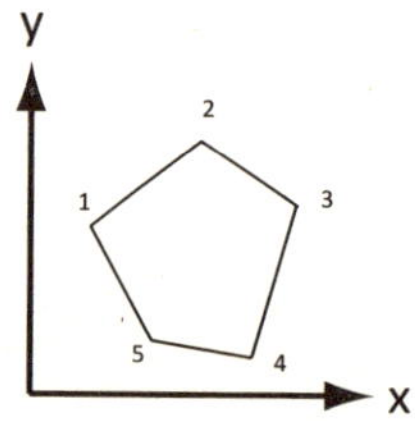

Abb. 5-2: Berechnung der Flächengröße nach Gauß'scher Flächenformel

Kompaktheitsgrad:

$$K = \frac{4\pi F}{U^2}$$

F: Fläche

U: Umfang

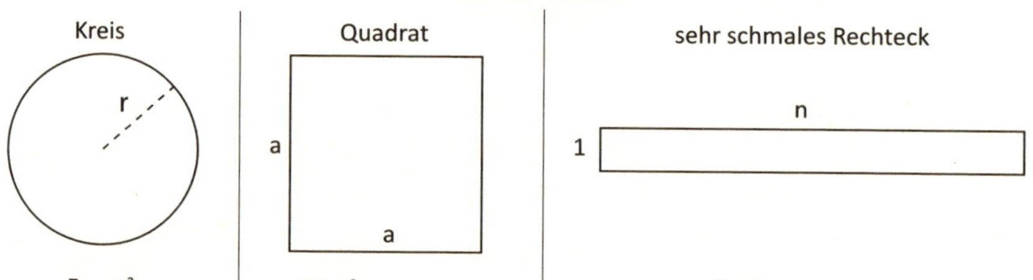

Kreis	Quadrat	sehr schmales Rechteck
$F = \pi r^2$	$F = a^2$	$F = 1n$
$U = 2\pi r$	$U = 4a$	$U = 2(n+1)$
K = 1.00	$K = 0.25\pi = 0.79$	$K = \pi n / (n+1)^2$
	Beispiel: a = 4	*Beispiel: n = 16*
	F = 16 ← - - →	*F = 16*
	U = 16	*U = 34*
	K = 0.79 ← - - →	**K = 0.17**

Abb. 5-3: Definition eines möglichen Kompaktheitsgrades und beispielhafte Anwendung auf verschiedene Flächenformen

Bei Rastersystemen ist die Flächenberechnung nur durch Abzählen der Rasterzellen möglich, wodurch die gesuchte Fläche sich nur als ganzzahliges Vielfaches der Zellengröße darstellen lässt. Durch geeignete Vorprozessierungen (z.B. durch Abschrägung der Zellen in Abhängigkeit von der Klassenzugehörigkeit benachbarter Pixel; TOMLIN, 1990) lassen sich Genauigkeitssteigerungen erreichen.

Form

Die Bestimmung der Form von flächenhaften Objekten ist z.B. für die Bewertung von Grenzziehungen oder die Optimierung von Routen innerhalb der Fläche von Interesse. Es gibt eine Reihe von *Kompaktheitsparametern*, die auf unterschiedliche Weise Umfang und Fläche des Polygons in Verbindung zueinander setzen. Idealerweise wählt man einen Parameter, welcher der kompaktesten Form (d.h. einem Kreis) einen eindeutigen und dimensionslosen Wert (z.B. „1") zuweist (Abb. 5-3).

5.1.2 Höhe

Viele Anwendungen wie Abflussmodellierungen, Hochwasserschutz oder Trassierungen benötigen nicht nur Informationen, die aus ebenen Koordinaten abgeleitet werden, sondern auch solche, welche die dritte Dimension (d.h. die Höhe) berücksichtigen. Die Definition der notwendigen 3D- und Höhen-Koordinatensysteme erfolgte bereits in den Abschnitten 3.1.2 sowie 3.1.4, die Berechnung von Höhenwerten und die Interpolation zwischen gemessenen Punkten wurden in Abschnitt 3.4.2 näher behandelt. Im Folgenden wird davon ausgegangen, dass *Digitale Höhen-Modelle (DHM)*, die eine große Anzahl von Höhenwerten in einem Koordinatensystem beschreiben, vorliegen. Ein DHM kann entweder die „reine" Geländeoberfläche (*Digitales Gelände-Modell, DGM*) oder auch höher stehende Geoobjekte wie Gebäude oder Vegetation beschreiben (*Digitales Oberflächen-Modell, DOM*). Da die Höhen-Modelle in der Regel nur eine Höhe je Position repräsentieren, werden sie streng genommen auch nicht als „3D", sondern lediglich als „2,5D" bezeichnet. Da Höhen ein kontinuierliches Phänomen sind, eignen sich hierfür auch die quasi flächenhaften Repräsentationen in Form eines regelmäßigen Rasters oder eines Triangulierten Irregulären Netzwerkes (TIN; siehe Abschnitt 4.2.1).

Neigung und Steigung

Zur Beschreibung von Oberflächenprozessen (z.B. Wasserabfluss oder Bodenerosion) oder zur Planung von Straßen- oder Schienenrouten sind die *Neigung* bzw. die *Steigung* des Geländes elementare Kenngrößen; im Englischen werden „Neigung" und „Steigung" i.d.R. zum Begriff „slope" zusammengefasst. Diese lassen sich aus dem Verhältnis zwischen Höhen- und Lageunterschied zwischen zwei Punkten berechnen und als Winkelmaß oder Prozentwert ausdrücken (Abb. 5-4, links). Betrachtet man wie in einem DHM gleichzeitig eine größere Anzahl von Höhenwerten in der Umgebung eines einzelnen Punktes, wird entweder dessen durchschnittlicher, häufiger aber dessen maximaler Neigungs- bzw. Steigungswert betrachtet. Der *Gradient* ist der Vektor, dessen Betrag den maximalen Neigungs- bzw. Steigungswert beschreibt und der in die Richtung (auch: *As-*

pekt) des steilsten Anstiegs bzw. Gefälles zeigt. Aus dem Aspekt benachbarter Punkte kann auf die *Exposition*, d.h. die Ausrichtung eines ganzen Objekts (z.B. eines Hanges oder Gebäudes), geschlossen werden.

Da das Gelände in einem DHM nur durch eine begrenzte Anzahl von Punkten beschrieben werden kann, ist eine strenge mathematische Bestimmung von Neigung und Steigung nicht möglich. Daher gibt es unterschiedliche Verfahren, ein genähertes Maß aus der gegebenen, diskreten Punktmenge abzuleiten (Abb. 5-4, rechts). Offensichtlich haben hierbei Abstand, Anzahl und Verteilung der in die Berechnung eingehenden Höhepunkte einen Einfluss auf das Ergebnis. Beispielsweise weisen niedriger aufgelöste Höhenmodelle einen stärkeren Glättungseffekt auf, was auch zu anderen Gradienten führt.

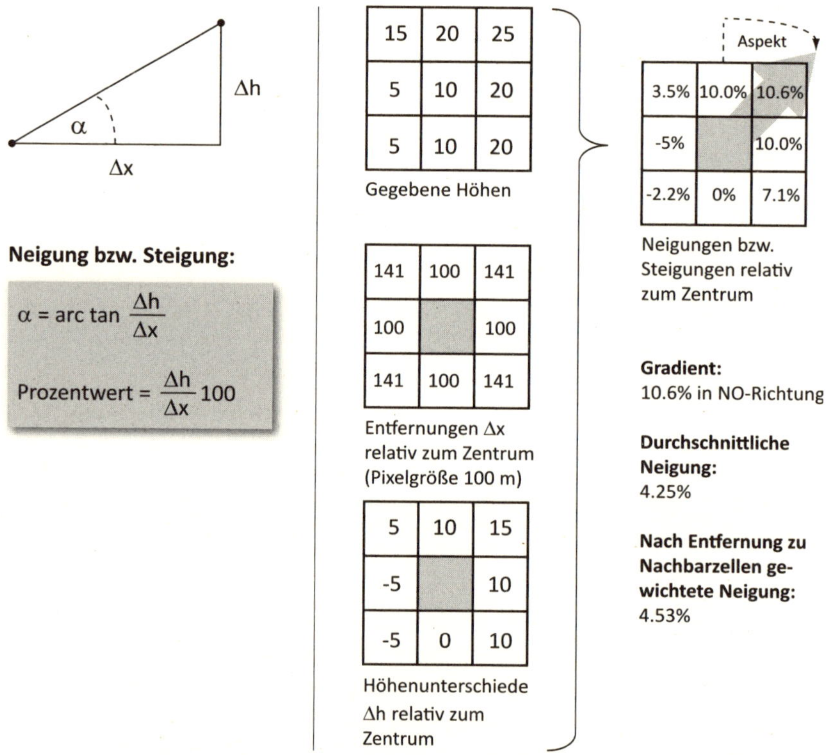

Abb. 5-4: links: Definition von Neigung bzw. Steigung; rechts: Bestimmung des Gradienten aus einem Höhenraster

Hydrologische Parameter

Die Hydrologie ist ein typischer Anwendungsfall für die eben beschriebenen, aus Digitalen Höhen-Modellen abgeleiteten Kenngrößen. Hierauf aufbauend lassen sich weitere Parameter bestimmen, die eine räumliche Beschreibung und Modellierung von Wasserwegen und -mengen, speziell das Abflussverhalten auf Oberflächen, erlauben. So ergibt sich die *Fließ-*

➲ FÜRST (2004)

richtung an einem Punkt durch die Richtung des stärksten Gefälles (Aspekt). Liegen Höhendaten in einem regelmäßigen Raster vor, werden hierzu in einem Punkt die Neigungen zu den umliegenden Nachbarn verglichen, womit sich auch die Anzahl der möglichen Werte der Abflussrichtungen auf die Anzahl der (zumeist acht) Nachbarn reduziert. Eine einfache Variante zur Bestimmung der *Akkumulation*, d.h. der Wassermenge, die sich an einem Ort (bzw. einer Rasterzelle) ansammelt, besteht ausgehend von den Abflussrichtungen im Auszählen der „produzierenden" Nachbarzellen. Hieraus lässt sich wiederum das zusammenhängende *Einzugsgebiet* eines Punktes ableiten (Abb. 5-5). Schließlich sind für hydrologische Beschreibungen auch *Senken* und *Gipfel* von Bedeutung, die durch Bestimmung lokaler Minima bzw. Maxima im Höhenmodell abgeleitet und bei Bedarf zu *Mulden- oder Kammlinien* zusammengefasst werden können. Letztlich kann aus diesen und weiteren Parametern ein komplettes Fließ- oder Drainagenetzwerk erzeugt werden. Erneut muss betont werden, dass durch die Diskretisierung der Höhenbeschreibung (d.h. die begrenzte Anzahl von Punkten in einem bestimmten Abstand) keine geometrisch strengen Lösungen, sondern nur Schätzungen für die genannten Parameter durchgeführt werden können.

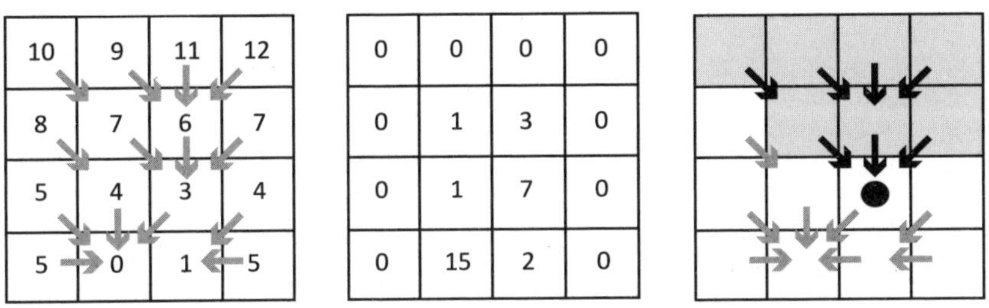

Gegebene **Höhenwerte** und **Fließrichtungen** in jeweiliger 3x3-Nachbarschaft

Akkumulation: Aufsummierte Zahl von Nachbarzellen, die in jeweilige Zelle fließen

Einzugsgebiet (grau unterlegt) für markierten Punkt

Abb. 5-5: Ableitung der hydrologischen Parameter Akkumulation und Einzugsgebiet aus einem DHM

Volumen

Die Berechnung der Volumina von Geoobjekten ist z.B. im Rahmen von Bauvorhaben für die Bestimmung (und Minimierung) von zu bewegenden Erdmassen von großem Interesse. Aufgrund der diskreten Punktverteilung in Digitalen Höhen-Modellen ist auch hierbei eine strenge mathematische Lösung nicht möglich. Eine Näherungslösung besteht in der scheibenweisen Zerschneidung des Geländes durch *Querprofile* (geeignet für langgestreckte Objekte wie Straßenkörper) oder *Horizontalprofile* (geeignet für großflächige Objekte). Die ausgeschnittenen Scheiben besitzen allerdings schräge Kanten bzw. unterschiedlich große, begrenzende Profilflächen (d.h., sie stellen keine Quader dar), was bei der Berechnung des Volumens auf unterschiedliche Weise berücksichtigt werden kann (Abb. 5-6). Alternativ zu Profilschnitten bietet sich eine Zerlegung in *Drei- oder Vierecks-*

prismen an (z. B. für TINs oder regelmäßige Raster), für dessen Eckpunkte die Höhen bekannt sind (Abb. 5-6).

Sichtbarkeitsanalysen

Standortplanungen für Funknetze oder landschaftsstörende Objekte wie z. B. Windkraftanlagen sind typische Anwendungen für Sichtbarkeitsanalysen. Diese Untersuchungen können sich zum einen auf einfache *Sichtachsen* beschränken. Eine Sichtachse existiert dann, wenn zwischen zwei Punkten eine geradlinige Verbindung besteht, die keinen Geländepunkt entlang dieser Linie schneidet. Zum anderen können aber auch alle Positionen bestimmt werden, die von einem gegebenen Punkt auf der Erdoberfläche aus eingesehen werden können. Die Zusammenfassung all dieser

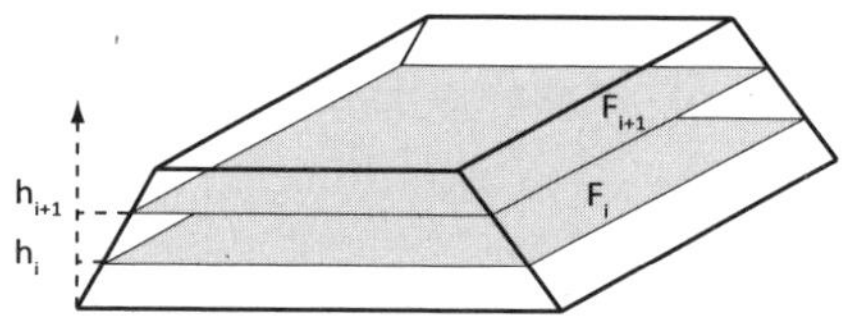

Volumen zwischen zwei Profilschnitten:

$$V = F\,(h_{i+1} - h_i)$$

F kann auf unterschiedliche Weise geschätzt werden:

→ Prismenformel: $F = \frac{1}{2}(F_i + F_{i+1})$

→ Prismatoidformel: $F = \frac{1}{6}(F_i + F_{i+1} + 4\,F_m)$

F_m: Flächengröße an halber Höhe zwischen h_i und h_{i+1}

→ Pyramidenstumpfformel: $F = \frac{1}{3}(F_i + F_{i+1} + \sqrt{F_i\,F_{i+1}})$

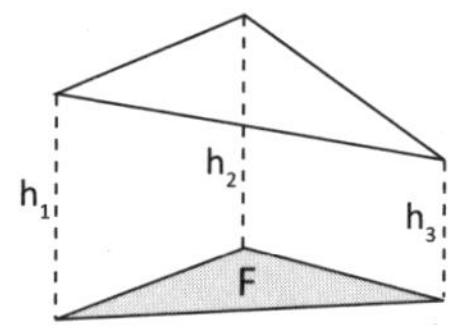

Volumen des n-eckigen Prismas:

$$V = F\,\frac{1}{n}\sum_{i=1}^{n} h_i$$

F: Basisfläche (horizontal)

Abb. 5-6: links: Berechnung von Volumen aus Profilschnitten (Beispiel: Horizontalschnitte); rechts: Berechnung aus Prismen (rechts)

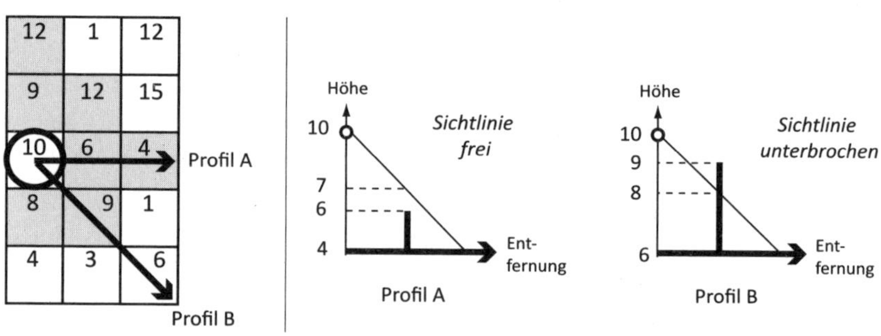

Abb. 5-7: Gegebene Höhenwerte und Sichtbereich (graue Zellen) vom markierten Punkt sowie zwei ausgewählte Höhenprofile zur Bewertung der Sichtachsen

Positionen führt zu *Sichtbereichen* (*viewshed analysis*, Abb. 5-7). Die notwendigen Berechnungen für Sichtbereiche sind sehr aufwändig.

5.1.3 Räumliche Verteilung

Für viele Anwendungen spielt die räumliche Verteilung von Geoobjekten (d.h. die Frage nach gewissen Häufungen oder Lücken bzw. wiederkehrenden Mustern und Zusammenhängen) eine wichtige Rolle. Beispielsweise soll untersucht werden, ob Leukämiefälle räumlich zufällig auftreten oder ob die Hypothese bestätigt werden kann, dass es ein erhöhtes Vorkommen im Umkreis von Kernkraftwerken gibt. Zur Beantwortung solcher Fragen existieren eine Reihe von Methoden, die der *räumlichen Statistik* zugeordnet werden. Grundlage für solche Analysen ist die Existenz entsprechender, dicht verteilter Daten. In der Praxis ist aber oft nur die Sammlung und Speicherung ausgewählter Daten möglich (*Sampling;* Abschnitt 3.2).

➲ SMITH ET AL. (2007)

Verteilung von Punkten

Für die Beschreibung von Lage und Streuung von eindimensionalen Variablen (z.B. Körpergrößen) verwendet man in der deskriptiven Statistik die Kenngrößen Mittelwert und Standardabweichung. Geht man auf Punktobjekte im zwei- oder dreidimensionalen Raum über, können z.B. das *Zentroid* (Abschnitt 5.1.1) und die mittlere Entfernung aller Punkte hierzu (bzw. die zugehörige Standardabweichung) verwendet werden. Eine Alternative ist die Berechnung der mittleren Distanz zum nächsten (oder k-ten, $k>1$) Nachbarn für alle Punkte.

Das Auftreten von punkthaften Objekten im Raum kann *zufällig* (gleiche Wahrscheinlichkeit für alle Orte), *gebündelt* (höheres Auftreten an einigen Orten, hervorgerufen durch die „Anziehung" durch einen anderen Punkt) oder *verstreut* (geringeres Auftreten, hervorgerufen durch die „Abstoßung" durch einen anderen Punkt) sein. Das gebündelte Auftreten von Objekten wird auch als *Cluster* bezeichnet. Für das *Clustering,* d.h. die Aggregation von Punkten auf Basis ihrer räumlichen Nähe (oder gewissen Ähnlichkeiten ihrer Merkmalsausprägung), gibt es eine Reihe von Verfahren (z.B. hierarchisch, *k-means, ISODATA*).

Betrachtet man nicht nur die räumliche Verteilung der Punkte an sich, sondern auch den Zusammenhang zwischen Attributwerten benachbarter (eng beieinander liegender) Elemente, werden Verfahren der *räumlichen Autokorrelation* angewendet. Der Grad des Zusammenhangs kann über verschiedene Kennwerte (z.B. *Geary's Index, Moran's Index*) bestimmt werden, während die Existenz von *Hot bzw. Cold Spots* (Konzentration hoher bzw. niedriger Werte) beispielsweise mit der *Getis-Ord-Statistik* beschrieben wird.

Landschaftsmaße

Geht man über die Verteilung von Punkten hinaus, wurden in der Landschaftsökologie zur quantitativen Beschreibung der Landschaftsstruktur aus gegebenen Rasterdaten (d.h. thematischen oder spektralen Bildern) die *Landschafts- oder Landschaftsstrukturmaße* entwickelt. Diese betrachten die Vielfalt und Variabilität bestimmter Objektklassen in einer kleineren Region (*Patch*) oder einer gesamten Szene. Beispielhafte, einfache Maße

➲ LANG & BLASCHKE (2008)

sind die *Fragmentierung* (definiert als Anzahl von Pixeln einer Klasse im Verhältnis zur Gesamt-Pixelanzahl eines Patches) oder die *Diversität* (definiert als Funktion der unterschiedlichen Anteile aller Klassen in einer Region oder Szene).

5.2 Thematische Analysen

Insbesondere Geographische Informationssysteme (Abschnitt 5.6) zeichnen sich dadurch aus, dass sie – unterstützt durch eine zugrunde liegende Datenbank – einen großen Umfang an thematischen Daten und Informationen speichern können. Da dieser Umfang nicht immer gleichzeitig dargestellt werden kann, sind explizite *Abfragen* notwendig. Für Erweiterungen und Aktualisierungen des Datenbestandes sind auch entsprechende *Transformationen* bereitzustellen.

Abfragen

Die Abfrage thematischer Informationen setzt zum einen eine strukturierte Modellierung und Speicherung der Sachdaten (siehe Abschnitte 4.3 bzw. 4.5), zum anderen geeignete Interaktionsmöglichkeiten des Nutzers mit der Datenbasis voraus. Zu diesen Interaktionen gehören zum Beispiel der Maus-Klick auf eine Kartenposition, um zugehörige Attribute (z.B. die Bezeichnung der umgebenden Fläche) zu erhalten, oder die Tastatureingabe einer komplexen Datenbankabfrage (z.B. mittels der *Structured Query Language, SQL*). Sehr häufig beinhaltet die Abfrage auch eine räumliche Komponente, z.B. bei der Suche nach allen Krankenhäusern, die in einem gewissen Umkreis liegen. Liegen sehr große und komplexe Datenbestände vor, gestalten sich die Abfragen entsprechend schwieriger. Um hierbei Besonderheiten (z.B. Ausreißer, Muster oder Zusammenhänge) in den Daten zu erkennen oder Hypothesen über zugrunde liegende Prozesse oder Phänomene aufzustellen, sind aufwändigere Methoden und Werkzeuge notwendig. Diese werden in Disziplinen wie der *explorativen Datenanalyse* oder des *(räumlichen) Data Mining* behandelt.

➲ ANDRIENKO & ANDRIENKO (2005)

Transformationen

Um einen Sachdatenbestand korrekt und aktuell zu halten oder ihn für eine Anwendung anzupassen, gibt es Datenbankwerkzeuge, um Attribute und deren Werte zu ändern, zu löschen oder neu hinzuzufügen. Eine häufig angewendete Funktionalität zur Veränderung thematischer Attribute ist die *Reklassifizierung* (auch: *Rekodierung*). Hierbei erfolgt die Umbenennung von (nummerischen) Klassenwerten, um die Anzahl vorkommender Objektklassen zu verringern bzw. thematisch zusammenzufassen. Abb. 5-8 zeigt ein Beispiel, in dem aus einem thematisch stärker differenzierten Datensatz die Klassen „bebaut" und „nicht bebaut" aggregiert werden, was für eine nachfolgende Analyse des Bebauungssgrades eine Vereinfachung darstellt. In diesem Fall werden nicht nur die Bezeichnungen der einzelnen Flächen verändert, sondern auch die Grenzen zwischen Objekten mit identischen Kategorien beseitigt. Während diese Operation bei Rasterdaten über eine neue Zuordnung von Attributen schnell und einfach umzusetzen ist, müssen bei Vektordaten aufwändigere geometrische Operationen zur Löschung von Polygongrenzen und Bildung neuer Polygone durchgeführt werden.

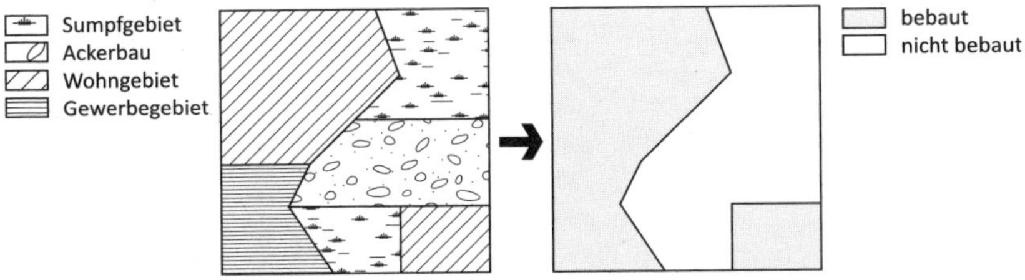

Abb. 5-8: Beispiel für eine Reklassifizierung mit anschließender Auflösung von Grenzen

5.3 Topologische Analysen

Topologische Eigenschaften

Für viele raumbezogene Fragestellungen sind weniger exakte geometrische Beschreibungen von Geoobjekten als vielmehr deren räumlichen Beziehungen zu anderen Objekten von Interesse. Zu diesen Relationen zählen *Nachbarschaften* (z.B. von zwei Grundstücksflächen), *Zugehörigkeiten* (z.B. eines Brunnens zu einer Fläche) und *Verbindungen* (z.B. von Straßen in einem größeren Netz). Diese *topologischen Eigenschaften* zeichnen sich dadurch aus, dass sie durch geometrische Operationen wie Dehnen, Stauchen, Verbiegen oder Verzerren nicht verändert werden (siehe auch Abschnitt 4.4).

Die Bestimmung dieser Eigenschaften bedingt zwei Arbeitsschritte, die im Folgenden näher behandelt werden. Zuerst muss die *topologische Integrität* der vorliegenden Daten hergestellt bzw. topologische Fehler eliminiert werden. Hierauf aufbauend werden die topologischen Beziehungen (d.h. die Zugehörigkeiten, Nachbarschaften, Verbindungen) bestimmt. Da dieser Prozess sehr rechenaufwändig ist, ist es für viele Anwendungen sinnvoll, diese Relationen nur einmal zu berechnen und explizit in einer Datenbank abzuspeichern, sodass sie bei Bedarf direkt und schnell abgefragt werden können. Diese Abspeicherung bedingt eine eigene, topologische Datenstruktur.

Topologische Integrität

Bei der Erfassung von Geodaten (z.B. der Digitalisierung in Karten) wird zumeist nicht streng darauf geachtet, dass die erfassten Punkte, Linien und Flächen topologisch konsistent sind. Mögliche Inkonsistenzen sind in Abb. 5-9 (links) aufgeführt:

- Z.B. ist es für Routenanalysen notwendig, dass die Verbindung von Linien sichergestellt ist. Für die Entscheidung, wann *Overshoots* und *Undershoots* eliminiert werden sollen, sind nutzerdefinierte Schwellwerte von Linienabständen vorzugeben.

- Für die gleiche Anwendung ist es notwendig, dass alle *Schnitt- und Endpunkte* von Linien dokumentiert werden; zur begrifflichen Abgrenzung zu den Zwischenpunkten, welche die genaue Form einer Linie bestimmen, wird hierfür die Bezeichnung des *Knotens* eingeführt. Um die topologische Eigenschaft der Verbindung zwischen zwei Knoten zu beschreiben, ist nicht der exakte geometrische Verlauf, sondern eine beliebige (z. B. geradlinige) Verbindung (*Kante*) notwendig.
- Durch die doppelte und nicht exakt deckungsgleiche Erfassung von Umringslinien benachbarter Flächenstücke kann es z. B. passieren, dass sich Flächen überschneiden oder Lücken dazwischen entstehen. Dies führt zu fehlerhaften Flächenbilanzen oder nicht eindeutigen Bestimmungen von Nachbarschaften. Die Eliminierung dieser „Doppelgrenzen" (bzw. der resultierenden *Splitterpolygone*) führt zu topologisch konsistenten *Maschen*.
- Die mehrfache Erfassung eines geometrischen Elements (Punkt, Linie oder Fläche) ist ebenfalls rückgängig zu machen, sodass z. B. in der Realität nicht existierende Alternativrouten beseitigt werden.

Um eine fehlende topologische Strukturierung auszudrücken, spricht man (zumindest bei linienhaften Erfassungen) auch gerne von *„Spagetti-Daten"*. Abb. 5-9 (rechts) demonstriert zum einen die Bereinigung dieser Fehler bzw. die Herstellung der topologischen Integrität. Hierzu stellt die *Graphentheorie*, ein Teilgebiet der Mathematik, eine Reihe von Regeln bereit. Zum Beispiel muss ein ebener, topologisch korrekter *Graph* der Formel

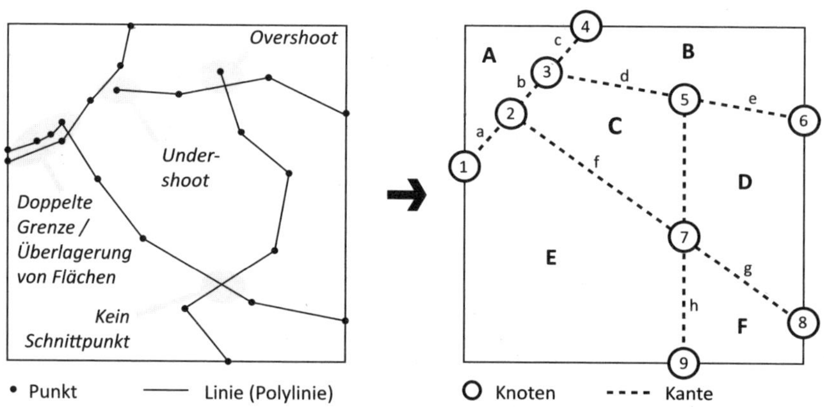

Kante	von Knoten	zu Knoten	linkes Polygon	rechtes Polygon
a	1	2	A	B
b	2	3	A	C
(...)				

Abb. 5-9: links: Beispiel für eine Digitalisierung von Geoobjekten mit topologischen Inkonsistenzen; rechts: Topologisch bereinigte Darstellung mit einfacher Datenstruktur

„Anzahl Knoten – Anzahl Kanten + Anzahl Maschen = 2" (sogenannte *Euler-Charakteristik*) gehorchen. Abb. 5-9 (rechts) zeigt auch die Ableitung einer elementaren *topologischen Datenstruktur* auf, die bereits eine direkte Abfrage von Verbindungen und Nachbarschaften erlaubt. Der Aufwand zum Aufbau solcher Strukturen ist natürlich nur dann gerechtfertigt, wenn absehbar ist, dass entsprechende topologische Analysen durchgeführt werden sollen.

Zugehörigkeiten

Die Abfrage, ob ein Punkt innerhalb einer Fläche liegt, ist für viele Anwendungen von Interesse, z.B. bei der Frage nach Existenz oder Anzahl von Bodenproben auf einer Grundstücksfläche. Der Algorithmus für den *Punkt-in-Polygon-Test* besteht im Kern darin, eine beliebige Halbgerade vom zu untersuchenden Punkt bis ins Unendliche zu zeichnen und die Anzahl der Schnittpunkte dieser Linie mit der Umringslinie der betrachteten Fläche zu zählen. Ist diese Anzahl ungerade, liegt der Punkt innerhalb des Polygons, ansonsten außerhalb des Polygons. Abb. 5-10 demonstriert das Prinzip und macht auch deutlich, dass ein einfacher Vergleich der Koordinaten-Extremwerte des Polygons mit den Koordinaten des Punkts diese Aufgabe nicht zwangsläufig lösen kann. Bei diesem Verfahren müssen noch einige Sonderfälle beachtet werden (z.B. ob der Punkt auf einer Flächengrenze liegt oder ob die Halbgerade teilweise identisch mit der Umringslinie ist). Aufbauend auf diese Punkt-in-Polygon-Suche kann auch entschieden werden, ob eine Linie oder ein Polygon innerhalb eines Polygons liegen: Liegen jeweils alle Stützpunkte dieser Elemente innerhalb einer Fläche, so liegt auch das gesamte Objekt darin.

Nachbarschaften

Die Anwendung von Nachbarschaftsoperationen (z.B. die Beantwortung der einfachen Frage, ob Objekte nebeneinander liegen) setzt eine genauere Spezifikation des Nachbarschaftsbegriffs voraus (Abb. 5-11). Zum einen gibt es *direkte Nachbarschaften*, die sich in einer Vektor-Repräsentation über mindestens eine gemeinsame Grenze zweier Flächen ergeben. Im Raster-Datenmodell werden in der Regel die acht Nachbarn einer Zelle (*N8-Nachbarschaft*) oder aber nur die horizontalen und vertikalen Nachbarn betrachtet (*N4-Nachbarschaft*). Dagegen sind *Nachbarschaftsberei-*

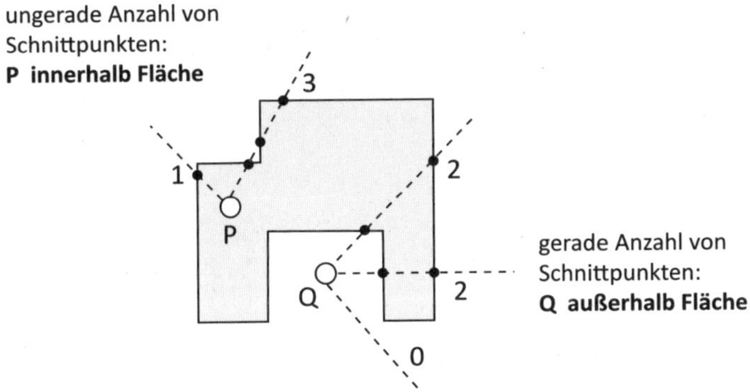

Abb. 5-10: Punkt-in-Polygon-Test mit verschiedenen Varianten zur Orientierung der Halbgeraden (gestrichelt)

che größere Zonen, die entweder auf Basis von Distanzen, Richtungen oder beiden zusammen definiert werden können. Ein typisches Beispiel ist die Abfrage, wie viele Telefonzellen in einem Umkreis von 1 km um einen gegebenen Standort existieren (siehe hierzu auch das Thema Pufferung, Abschnitt 5.5). Im Rastermodell kann die Definition eines Umkreises nur genähert erfolgen.

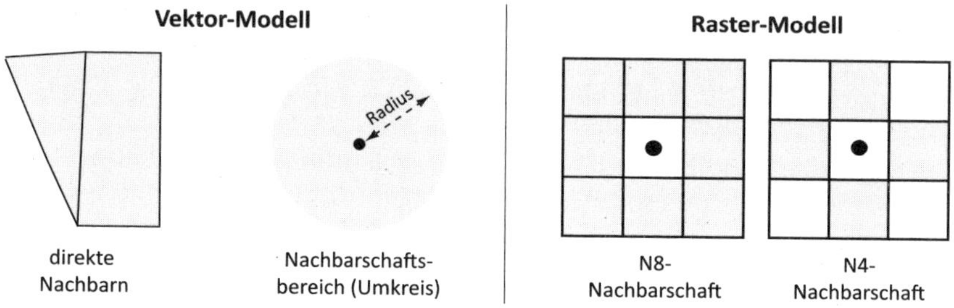

Abb. 5-11: Ausgewählte Arten von Nachbarschaften im Vektor- und Rastermodell

Verbindungen

Eine Reihe von Anwendungen benötigt Informationen zu Verbindungen zwischen Geoobjekten, z.B. bei der Suche nach der kürzesten Route, der Optimierung eines Versorgungssystems oder der Standortsuche für die Zentrale eines Rettungsdienstes, um eine gute Erreichbarkeit des Einzugsgebiets gewährleisten zu können. Voraussetzung für solche *Netzwerkanalysen* ist die Existenz eines topologisch konsistenten Graphen, der das zu untersuchende Netzwerk durch Knoten und Kanten darstellt. Werden hierbei Anfangs- und Endknoten unterschieden (d.h., hiermit die Richtungen von Kanten bestimmt), spricht man von einem *gerichteten Graphen*. Den Kanten können spezielle Gewichte zugewiesen werden, die z.B. Entfernungen, Fahrtzeiten oder Fahrtkosten repräsentieren (*gewichteter Graph*). Zur Beschreibung der Verbindungen werden die Begriffe der *Adjazenz* (für Beziehungen zwischen gleichartigen Elementen) und *Inzidenz* (für Relationen verschiedenartiger Elemente) verwendet: Zwei Knoten werden als *adjazent* bezeichnet, wenn sie durch eine Kante verbunden sind. Umgekehrt heißen zwei Kanten adjazent, wenn sie sich einen gemeinsamen Knoten teilen. Ein Knoten wird als *inzident* mit einer Kante bezeichnet, wenn diese ihn beinhaltet.

Für die Analyse von Netzwerken gibt es eine Reihe von Algorithmen, die sich in der Regel durch eine sehr große Komplexität auszeichnen. Dies wird bereits bei der einfachen Routensuche in einem Straßennetz mit n Knoten deutlich, die alle miteinander verbunden sind. Hierbei gibt es (n-1)! verschiedene Möglichkeiten, die beste Route zusammenzustellen – selbst bei einem relativ kleinen Netz von 50 Knoten sind dies über 6×10^{62} Wege, die berechnet werden müssten. Um den Rechenaufwand zu reduzieren, werden daher oft auch Einschränkungen des Suchraums oder Näherungsverfahren (heuristische Lösungen) verwendet.

5.4 Temporale Analysen

Zeitliche Merkmale von Geodaten können in verschiedenen Komplexitäten auftreten bzw. bearbeitet werden. Der einfachste Fall ist die Abfrage von Zeitpunkten oder Zeitdauern, die als thematische Attribute in der Datenbank gespeichert worden sind (z.B. das Attribut „Baujahr" bei Gebäuden).

Abfrage zeitlicher Merkmale

Eine zeitabhängige Folge von quantitativen thematischen Attributen (z.B. Temperaturen) ergibt eine *Zeitreihe*. Die *Zeitreihenanalyse* extrahiert besondere Eigenschaften (z.B. Extremwerte) und generiert Vorhersagen (Trends). Die räumliche Komponente wird bei diesen mathematisch-statistischen Methoden nicht berücksichtigt, auch wenn sie bei vielen Anwendungen (z.B. Wetterbeobachtungen) offenkundig eine Rolle spielt.

Zeitreihenanalyse

Für die Detektion von räumlichen und thematischen Veränderungen zwischen zwei oder mehreren Zeitpunkten (engl.: *change detection*) gibt es eine große Bandbreite von Anwendungen, die durch zahlreiche menschliche oder natürliche Aktivitäten bedingt sind. Ein typisches Beispiel ist das Monitoring von Veränderungen der Landbedeckung bzw. Landnutzung im Zuge von Klimaveränderungen oder Naturkatastrophen. Aufbauend auf die Detektion zielt die *Veränderungsanalyse* (engl.: *change analysis*) darauf ab, die Ursachen der festgestellten Veränderungen zu identifizieren. Vereinfacht ausgedrückt, konzentriert sich die Detektion auf die Beantwortung der Fragen „Wann?", „Was?" und „Wo?", während die Analyse die tiefergehenden Fragen „Warum?" und „Wie?" behandelt.

Veränderungsanalysen

Bei der Auswahl von Verfahren zur Detektion und Analyse von raumzeitlichen Veränderungen sind eine Reihe von Parametern zu unterscheiden, z.B.

- die Anzahl der Zeitpunkte (bi-temporal oder multi-temporal),
- die Komplexität der Veränderungen (z.B. binäre Änderung wie „Veränderung" oder „keine Veränderung" oder aber Übergänge zwischen mehreren Klassen),
- der Typ der Veränderungen (existenzielle Veränderungen wie Erscheinen oder Verschwinden gegenüber Änderungen in thematischen oder räumlichen Merkmalen),
- die Skala der betrachteten Attribute (z.B. nominalskalierte Werte wie Landnutzungsklassen oder quantitative Werte wie Arbeitslosenquoten),
- die Art des zeitlichen Übergangs (abrupte oder graduelle Veränderungen).

Diese Komplexität macht deutlich, dass die konkrete Auswahl eines Verfahrens stark anwendungsabhängig ist. Die Dokumentation der Veränderungen kann graphisch (z.B. durch Kartenserien oder Animationen; Abschnitt 6.2.3.3) oder nummerisch-tabellarisch (z.B. in Form einer Veränderungsmatrix) erfolgen. Entscheidend für die Güte einer Veränderungsanalyse sind insbesondere die geometrische Deckungsgleichheit der multitemporalen Datensätze und die Berücksichtigung von Unsicherheiten, die

➲ Coppin et al. (2003)

bei der Erstellung der einzelnen Zeitschnitte entstanden sind und natürlich nicht als Veränderung interpretiert werden dürfen.

5.5 Kombinierte Analysen

Eine Vielzahl von analytischen Funktionen verarbeiten die bisher getrennt behandelten geometrischen, thematischen, topologischen oder zeitlichen Merkmale eines Geoobjekts in kombinierter Weise. Dies können in einfacher Form *thematische Selektionen* im Zuge geometrischer Berechnungen (z.B. die Addition der Flächengrößen aller Ackerflächen in einer Szene) oder *räumliche Selektionen* bei thematischen Abfragen (z.B. die Bestimmung der Einwohnerzahl in einem Häuserblock) sein oder aber auch die in Abschnitt 5.4 dargestellten, komplexeren raumzeitlichen Veränderungsanalysen. Ergänzend hierzu werden im Folgenden die häufig verwendeten Funktionalitäten *Pufferung* und *Verschneidung* näher beschrieben.

Pufferung

Puffer sind Flächen, die um ein bestimmtes Geoobjekt herum gebildet werden. Ein solches Objekt kann punkthaft sein (z.B. für die Abfrage, welche Krankenhäuser sich in einem Umkreis von 1 km zum Unfallort befinden), aber auch linienhaft (z.B. für die Bildung einer 100 m breiten Zone um eine Eisenbahntrasse) oder flächenhaft (z.B. zur Definition eines Schutzgebietes im Abstand von 500 m um einen See; Abb. 5-12). Diese Beispiele zeigen, dass Pufferungen im Kern zwar geometrische Distanzoperationen sind, diese aber fast immer in Kombination mit thematischen oder topologischen Abfragen auftreten. In der Regel erfolgt die Pufferung nach außen, seltener auch in den Innenbereich eines Objektes. Werden die Zonen entlang komplexer Umringslinien gebildet, stellen die Algorithmen sicher, dass die sich überlappenden Pufferflächen miteinander verschmolzen werden.

In einer rasterbasierten Darstellung wird eine Pufferzone über die Rasterzellen definiert, die sich in einer bestimmten Entfernung befinden

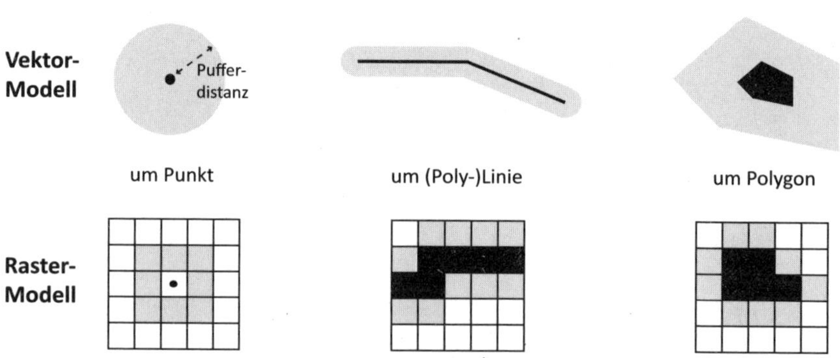

Abb. 5-12: Bildung von Pufferzonen im Vektor- und Rastermodell

(Abb. 5-12). Hierbei ist die Berechnung unregelmäßig geformter Puffer gegenüber dem Vektormodell erheblich schneller.

Überlagerung

Überlagerungen (engl.: *Overlays*) dienen der Verknüpfung von thematischen Merkmalen aus zwei oder mehr Datensätzen (auch: Ebenen, Layer), die dasselbe Gebiet beschreiben. Man kann sich diese Operation auch als Überlagerung mehrerer transparenter Karten vorstellen. Die häufigste Variante ist die Kombination von flächenhaften Objekten, die z.B. Landnutzungen und Eigentumsverhältnisse repräsentieren (*Verschneidung*) (Abb. 5-13, links).

Im Fall einer vektorbasierten Darstellung werden zuerst die Schnittpunkte der Grenzen der sich überlagernden Flächen berechnet und damit die neuen „Schnittpolygone" gebildet. Im nächsten Schritt werden die Attribute der neuen Schnittpolygone bestimmt und gespeichert. Mit diesen neuen Flächen und ihren Attributen können anschließend weitere Abfragen durchgeführt werden, z.B. nach dem Anteil und der Gesamtfläche von Ackerflächen, die einem bestimmten Eigentümer gehören.

Bei einer rasterbasierten Darstellung erfolgt die Überlagerung nicht auf Basis einer Schnittpunktberechnung der Objektgrenzen, sondern individuell für jedes einzelne Pixel. Hierzu werden die Attributwerte in den entsprechenden Rasterzellen der Eingabe-Datensätze nach bestimmten nummerischen oder logischen Regeln zu einem Ausgabewert kombiniert. Entweder werden im Ergebnis-Layer alle resultierenden Kombinationsmöglichkeiten dargestellt oder nur solche Regionen selektiert, die eine ganz bestimmte Kombination erfüllen (z.B. die logische UND-Verknüpfung zwischen Landnutzung „Acker" und Eigentümer „Müller" in Abb. 5-13, rechts).

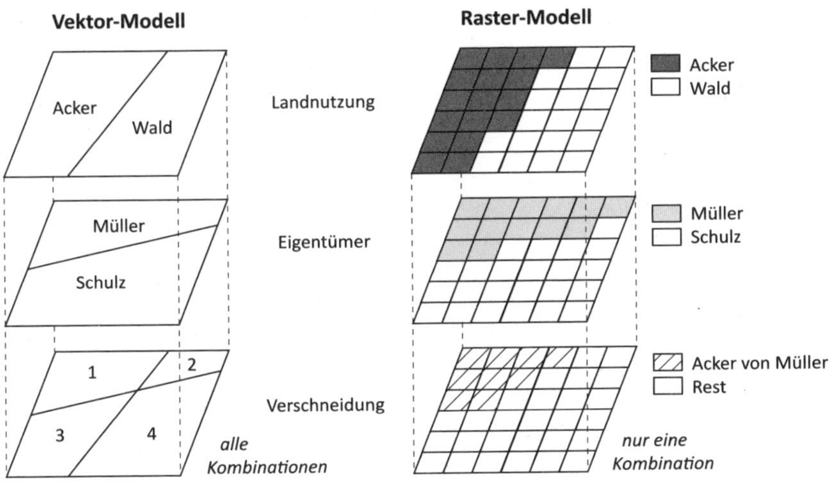

Fläche	Landnutzung	Eigentümer
1	Acker	Müller
2	Wald	Müller
3	Acker	Schulz
4	Wald	Schulz

Abb. 5-13: Polygon-Verschneidungen im Vektor- und Rastermodell

Die Ausdehnungen der unterschiedlichen Eingangsdatensätze sind nicht immer identisch. Daher muss bei den Verschneidungsoperationen auch eine Definition der Teilbereiche erfolgen, für die die Überlagerung durchgeführt werden soll. Neben den typischen Schnitt- und Vereinigungsbereichen (engl.: *intersect, union*) ist es u.a. auch denkbar, gewisse Regionen „auszustanzen" (*clip*) oder auch gar nicht zu berücksichtigen (*erase*). Bei allen Verschneidungsoperationen wird vorausgesetzt, dass identische Punkte, Linien oder Flächen in den unterschiedlichen Datenebenen auch geometrisch exakt deckungsgleich abgebildet werden. Ist diese Bedingung z.B. aufgrund von kleinen Fehlern in der Georeferenzierung nicht erfüllt, ist vorab eine Eliminierung der unerwünschten, schmalen Splitterpolygone notwendig (Abschnitt 5.3).

5.6 Geographische Informationssysteme (GIS)

Definition

Geographische Informationssysteme (GIS, auch: *Geoinformationssysteme*) sind rechnergestützte Systeme, mit denen raumbezogene Daten digital erfasst, gespeichert, verwaltet, analysiert und präsentiert werden können. Die Besonderheiten eines GIS gegenüber anderen Informationssystemen bestehen zum einen in der Behandlung von raumbezogenen Daten, zum anderen in der Bereitstellung der gesamten Auswertungskette (Erfassung, Verarbeitung, Analyse und Präsentation), wobei der Fokus auf den analytischen Funktionalitäten liegt, von denen in diesem Kapitel eine Auswahl präsentiert worden ist.

GIS-Software

Während ein GIS per Definition aus der notwendigen Hardware, Software, den Daten und Anwendungen besteht, stellt ein *GIS-Produkt* nur die eigentliche Software bereit. Eine ständig aktualisierte Übersicht über GIS-Software findet man z.B. im jährlichen „GIS-Report" (HARZER, 2010). Neben kommerziellen Produkten (z.B. den Marktführern *ArcGIS* von Fa. ESRI, *GeoMedia* von Fa. Intergraph oder *MicroStation* von Fa. Bentley) gibt es auch eine Reihe von Open Source-Lösungen (z.B. *OpenJUMP, Grass GIS* oder *Quantum*). Bezüglich der verwendeten Hardware ist zwischen stationären (Desktop-)Produkten und mobilen Endgeräten zu unterscheiden. Schließlich ist zwischen solchen Systemen zu differenzieren, die Daten und Verfahren auf dem lokalen Rechner vorhalten, und solchen, bei denen eine oder beide dieser Komponenten verteilt im Internet vorliegen und von den Nutzern abgerufen werden können (*WebGIS;* Abschnitt 4.7). Zur Terminologie und zu Beispielen von Web-, Online- oder Internet-GIS siehe auch BEHNCKE ET AL. (2009). Besonders bei webbasierten Karten- oder Geodatendiensten (z.B. „Geoportalen") ist die Trennung zu „echten" GIS-Produkten oft schwer zu ziehen – entscheidend ist letztlich der Umfang an bereitgestellten analytischen Funktionalitäten, die z.B. in einem Online-Dienst wie *Google Maps* nur spärlich vorhanden sind.

5.7 Fallstudien zur Analyse von Geodaten

5.7.1 Indikatorenbildung auf Basis von Vektordaten

Die folgende fiktive Studie soll Landkreise in Deutschland mit einem geringen Entwicklungspotenzial identifizieren. Zur Quantifizierung dieses Sachverhalts wurden willkürlich drei Indikatoren ausgewählt: Eine geringe Bevölkerungsdichte, ein geringer Anteil junger Menschen (15- bis 24-Jährige) sowie eine schwache infrastrukturelle Abdeckung durch Autobahnen. Ein Negativ-Kriterium im Sinne der Fragestellung ist jeweils dann erfüllt, wenn ein Landkreis zu den 10 % der Regionen mit den geringsten Dichte- bzw. Anteilswerten zählt. Gegeben sind für diese Aufgabe zwei thematische Datenebenen mit Vektordaten, eine mit Informationen zu den Landkreisen (mit den Attributen Bevölkerungsdichte, absolute Anzahl 15- bis 24-Jähriger, Gesamtbevölkerung, Flächengröße des Landkreises) und eine, die den Verlauf der Autobahnen aufzeigt.

Die ersten beiden Kriterien können durch einfache thematische Selektionen (Abschnitt 5.2) abgefragt werden, wobei anschließend noch die 10 %-Quantile gesucht und Reklassifizierungen (Abschnitt 5.2) in die Kategorien „Kriterium erfüllt" bzw. „Kriterium nicht erfüllt" vorgenommen werden (Abb. 5-14, obere Reihe).

Um die infrastrukturelle Abdeckung zu quantifizieren, wird die Gesamtlänge der Autobahnen in einem Landkreis in Bezug zur Flächengröße gesetzt. Hierzu erfolgt im ersten Schritt eine Verschneidung der beiden Datenebenen (Abschnitt 5.5), wodurch die Autobahnen so „zerschnitten" werden, dass ihre Anteile pro Landkreis als separate Liniensegmente existieren und die entsprechenden Linienlängen berechnet werden können (Abschnitt 5.1.1). Da ein Landkreis mehrere Autobahnteile besitzen kann, müssen die einzelnen Anteile addiert und abschließend durch die gegebene Flächengröße dividiert werden. Nun erfolgt die Suche nach dem 10 %-Quantil sowie die entsprechende Reklassifizierung hinsichtlich der Kriterienerfüllung (Abb. 5-14, unten links). Im letzten Schritt werden die Negativ-Kriterien addiert (Abb. 5-14, unten rechts). Dabei zeigt sich, dass ein signifikantes West-Ost-Gefälle besteht, andererseits aber kein Landkreis in Deutschland alle drei Kriterien gleichzeitig erfüllt. Abschließend muss erneut darauf hingewiesen werden, dass diese Studie mit einer nicht überprüften Datengrundlage und einer wissenschaftlich nicht fundierten Indikatorenbildung reinen Demonstrationscharakter besitzt.

5.7.2 Standortsuche auf Basis von Rasterdaten

In dieser ebenfalls fiktiven Studie sollen Flächen identifiziert werden, die für die Ansiedlung eines größeren Industrieunternehmens in Frage kommen. Hierfür sind in einem ersten Schritt zusammenhängende Flächen von

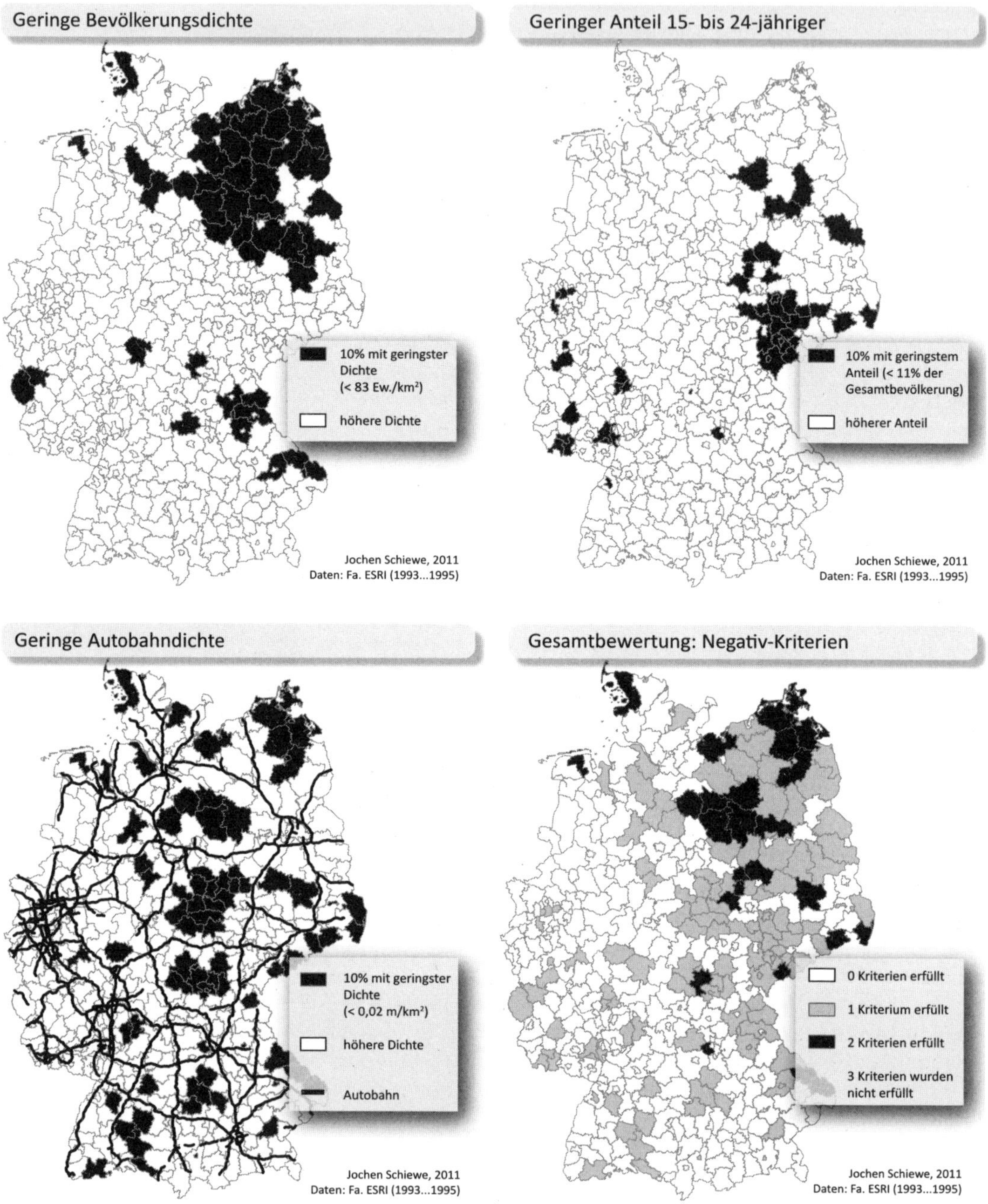

Abb. 5-14: Zwischen- und Endergebnisse der Fallstudie zur Indikatoren-Bildung

mindestens 1 km^2 zu finden, die bisher Ackerland darstellen und aus ökologischen Gründen einen Mindestabstand von 1 km zu allen Gewässern aufweisen. Gegeben sind thematische Rasterdaten, die durch die Klassifizierung einer Fernerkundungsszene entstanden sind und die Objektklassen Gewässer, Laubwald, Nadelwald, Acker und Rest ausweisen.

Abb. 5-15 zeigt den schematischen Auswertungsablauf, der verschiedene analytische Funktionalitäten miteinander verbindet, speziell eine Reklassifizierung (Abschnitt 5.2) für die Zusammenfassung von geeigneten

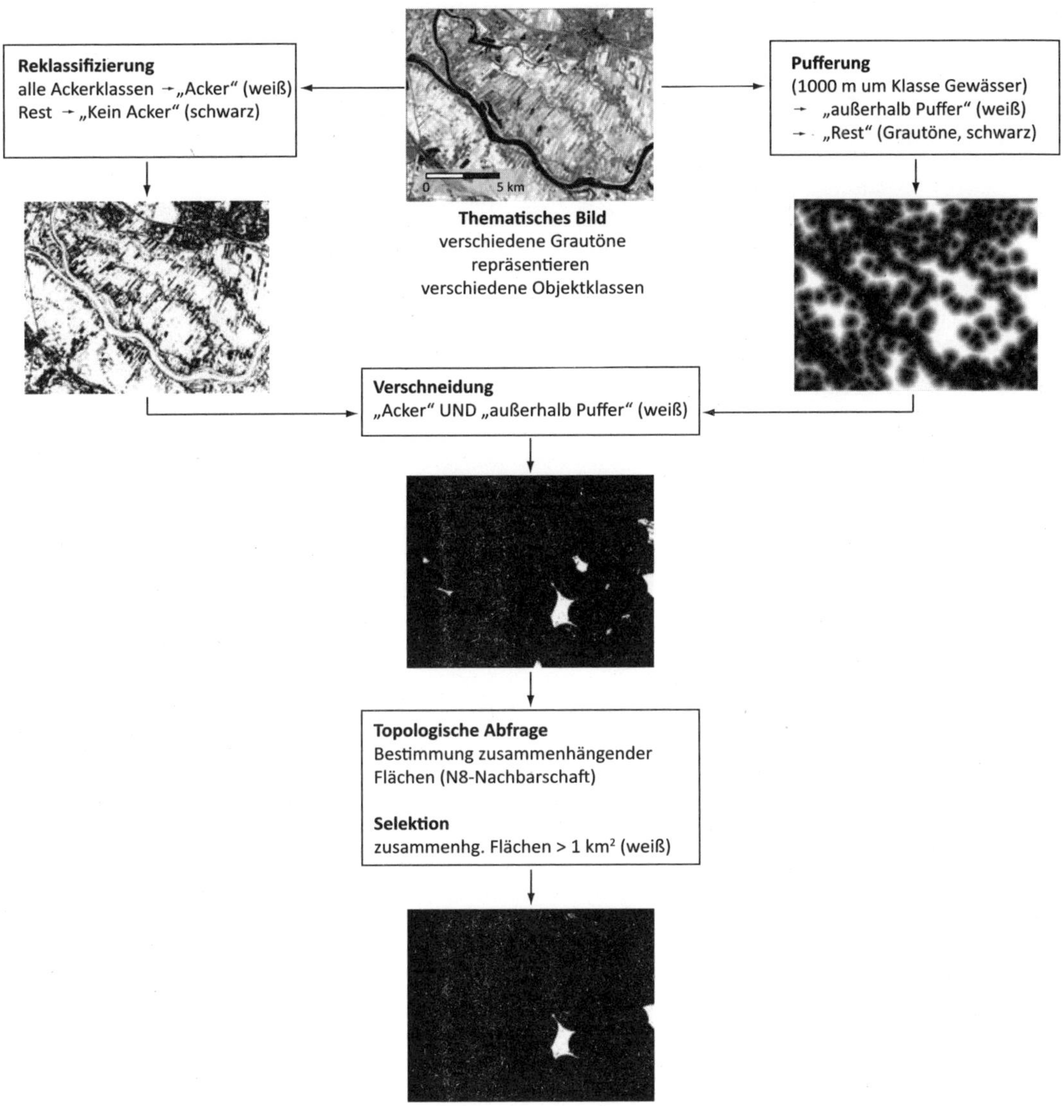

Abb. 5-15: Ablaufdiagramm für die Fallstudie zur Standortsuche

Objektklassen, eine Pufferung (Abschnitt 5.5) für die Abstandsanalyse, die Verschneidung (Abschnitt 5.5) zur logischen Abfrage nach dem Vorliegen beider Bedingungen, eine Zusammenhangsanalyse (Abschnitt 5.3) zur Bestimmung zusammenhängender Flächen und eine abschließende Selektion nach Flächengröße (Abschnitt 5.1.1). Die bei diesem Prozess ermittelten, potenziellen Standorte können nun weiter untersucht werden, z.B. hinsichtlich der Existenz kleiner Inseln innerhalb der Flächen, welche die Bedingungen nicht erfüllen oder einer Anbindung an das Straßennetz.

6 Präsentation von Geoinformationen

Nach der Erfassung, Verarbeitung und Analyse der Geodaten sollen die daraus resultierenden Geoinformationen in aller Regel auch den Nutzern für diverse Anwendungszwecke zur Verfügung gestellt werden. Die in einer Datenbank als alphanumerische Werte abgespeicherten Geodaten (z.B. Koordinatenwerte, die den Umring eines Hauses beschreiben) sind für die Interpretation durch einen Nutzer (z.B. für einen Vergleich von Größe, Form und Nachbarschaft zu anderen Gebäuden) jedoch wenig hilfreich. Es ist also notwendig, diese abstrakten Informationen nach bestimmten Regeln in konkrete Darstellungen zu „übersetzen". Bei solchen *Präsentationen* spielt die Kartengraphik eine zentrale Rolle. Daneben werden im Folgenden aber auch andere Formen zur Gestaltung von Präsentationen bzw. zur Kodierung von Informationen (z.B. durch Animationen, Videos oder akustische Darbietungen) betrachtet (Abschnitt 6.2). Mit der Verfügbarkeit dieser vielfältigen multimedialen Darstellungsmethoden ist es inzwischen möglich bzw. wegen der vielfältigen Aufgabenstellungen teilweise auch notwendig, einen konsequenten *nutzerorientierten Ansatz* bei der Konzep-

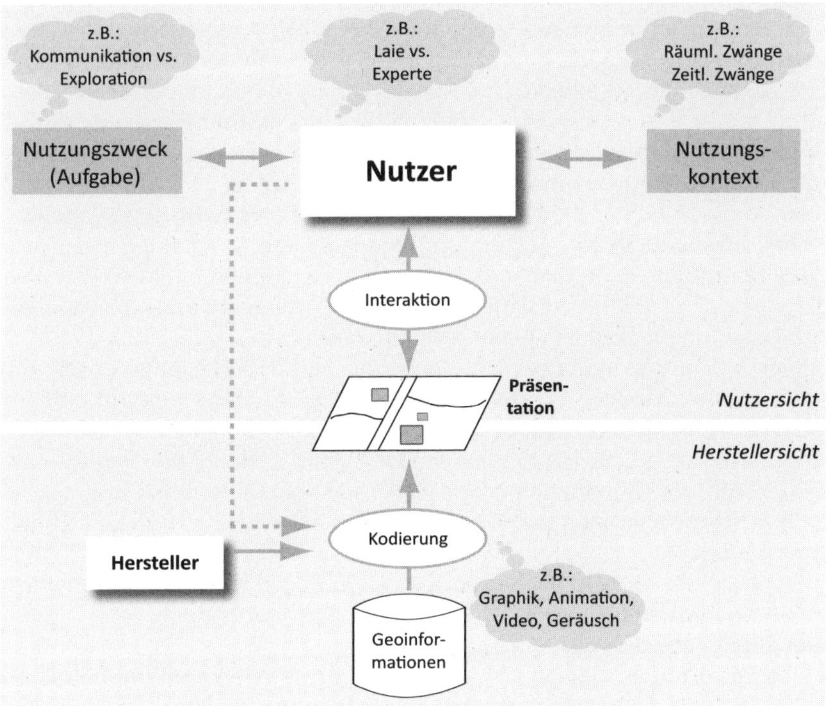

Abb. 6-1: Gesamtkonzept der Präsentation: Schnittstellenfunktion zwischen Nutzer und Geoinformationen

tion und Implementierung von Präsentationen zu verfolgen. Da entsprechende Überlegungen vor der eigentlichen Gestaltung stattfinden sollten, werden auch vorab in Abschnitt 6.1 Einflussgrößen und Verfahren zur Bewertung der Nutzung von Präsentationen vorgestellt. Abb. 6-1 fasst das Gesamtkonzept zur Präsentation von Geoinformationen zusammen. Hierbei wird u.a. deutlich, dass die Hersteller- und Nutzersichten nicht nur in engem Zusammenhang stehen, sondern teilweise auch miteinander verschmelzen können (z.B. durch die Möglichkeit des Nutzers, eigene Präsentationen zu erzeugen).

6.1 Nutzung von Präsentationen

Der geforderte *nutzerorientierte Ansatz* besagt, dass sich eine „gute Präsentation" (z.B. eine „gute Karte") dadurch auszeichnet, dass sie den Anwendungszweck des Nutzers in einem gegebenen Kontext erfüllen kann. Die Komponenten der Nutzersicht (Nutzer, Kontext und Zweck; siehe Abb. 6-1), ihre Zusammenfügung zu Konzepten wie Gebrauchstauglichkeit oder Nutzungserlebnis sowie entsprechende Bewertungsverfahren werden im Folgenden näher betrachtet.

Nutzer

Aufgrund der breiten und größtenteils anonymen Verbreitung von Karten ist eine personenscharfe Beschreibung der *Nutzer* in der Regel nicht möglich, sodass man bestenfalls eine Klassifizierung in *Nutzergruppen* vornehmen kann, die sich beispielsweise nach Geschlecht, Bildungsstand oder Erfahrung mit Medien unterscheiden. Eine solche Klassifizierung kann bereits einen Mehrwert bedeuten, da die modernen Gestaltungs- und Interaktionstechniken Möglichkeiten bieten, aus einem einzigen Datenbestand verschiedene, an Nutzergruppen angepasste Darstellungen zu produzieren (*mapping on demand*). Beispielsweise können in einem digitalen Schüleratlas Karten für verschiedene Jahrgangsstufen mit unterschiedlichen Attributen und Komplexitäten erzeugt werden.

Nutzungskontext

Der *Nutzungskontext* berücksichtigt die Einsatzbedingungen, z.B. die Arbeitsmittel (Medien, Hardware, Software) sowie die physische und soziale Umgebung mit eventuellen räumlichen oder zeitlichen Zwängen. Beispielsweise gibt es bei der Entwicklung einer Karte für ein Navigationssystem mit den Randbedingungen eines kleinen Bildschirms und potenziellen Stresssituationen während der Fahrt die Forderung nach Einfachheit der Graphik.

Nutzungszweck

Auch der *Nutzungszweck* bzw. die Aufgabe, die mit einer Präsentation gelöst werden soll, lassen sich oft nicht scharf beschreiben, sodass auch hier eine Grobkategorisierung angebracht ist:

- Die historische Aufgabe von Karten als Speichermedium für Geodaten ist durch die Entwicklung der leistungsstärkeren Geodatenbanken in den Hintergrund gerückt worden. Es verbleibt aber die wichtige Funktion der *Kommunikation* von raumbezogenen Informationen. Kommunikation wird hier im engeren Sinne als „Mitteilung bekannter Sachverhalte" verstanden – beispielsweise in einer Atlaskarte zum Thema „Verteilung von Bodenschätzen". Hierbei ist immer zu beachten, dass eine Kommunikation nur ein mehr oder minder präzises Modell der Umwelt vermitteln kann, zumeist nur in eine Richtung verläuft und – bewusst oder unbewusst – meinungsbeeinflussend sein kann.

- Präsentationen werden aber immer häufiger auch zur *Exploration*, d.h. zur Erkundung neuer Phänomene und Strukturen in den gegebenen Daten, verwendet. Ein Beispiel im Kontext geowissenschaftlicher Fragestellungen ist der Versuch von Raumplanern, aus einer Zeitserie von Landnutzungskarten, die interaktiv mit Statistiken zur Bevölkerungsentwicklung verknüpft sind, auf Ursachen von Veränderungen zu schließen.

Eine graphische Repräsentation einiger dieser Nutzungsaspekte liefert der *Kartengebrauchs-Würfel* (engl.: *Map Use Cube;* MacEachren, 1994; Abb. 6-2). Hierbei werden allgemeine Nutzungszwecke (Kommunikation oder Exploration) mit dem Informationsgehalt der Darstellung (bereits bekannte oder unbekannte Informationen), den Nutzergruppen (Experte oder öffentlicher Nutzer) und dem Grad der Interaktivität in Verbindung gesetzt. Diese Repräsentation dient für eine grobe Einteilung von Präsentationen, ist für eine tiefergehende Analyse eines Nutzungsszenarios aber sicherlich noch nicht ausreichend. Kann der Nutzungszweck näher spezifiziert werden, ist – als Alternative bzw. Ergänzung zur nutzerorientierten Sichtweise – auch ein *aufgabenorientierter Ansatz* sinnvoll.

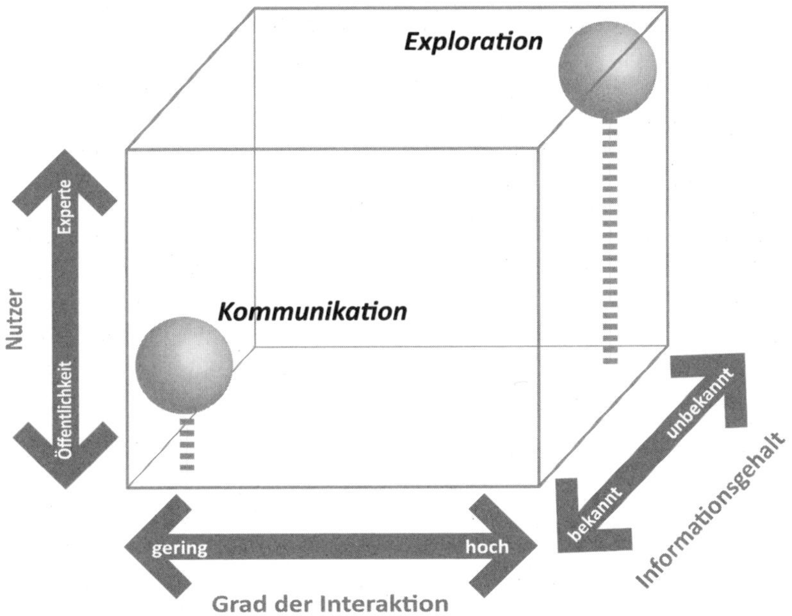

Abb. 6-2: Map Use Cube zur groben Klassifizierung von Szenarien zur Nutzung visueller Darstellungen (basierend auf MacEachren, 1994)

Usability

Die oben aufgeführten Komponenten der Nutzung führen zum Konzept der *Gebrauchstauglichkeit* (engl.: *Usability*), mit dem (nach Norm DIN EN ISO 9241-11) das Ausmaß beschrieben wird, in dem ein Produkt, System oder ein Dienst (hier: die Präsentation von Geoinformationen) von einem bestimmten Nutzer verwendet werden kann, um bestimmte Aufgaben in einem bestimmten Kontext effektiv (z.B. korrekt oder vollständig), effizient (z.B. in einem vertretbaren Zeitaufwand) und zufriedenstellend zu erreichen.

User Experience

➲ Hassenzahl & Tractinsky (2006)

Über das Konzept der Gebrauchstauglichkeit geht der Begriff des *Nutzungserlebnisses (User Experience)* noch hinaus. Ein positives Nutzungserlebnis wird zwar in der Regel durch eine gute Gebrauchstauglichkeit gefördert, daneben spielen aber auch andere Faktoren wie Ästhetik, Emotionalität, Vertrauen, Branding oder Spaß bei der Nutzung eine wichtige Rolle. Beispielsweise können unterschiedliche Radwanderkarten identische Informationen beinhalten und dem Nutzer korrekte Routen bei gleichem Zeitaufwand liefern (d.h. dieselbe Gebrauchstauglichkeit aufweisen), sich aber hinsichtlich der Verwendung von Farben oder attraktiven bildhaften Symbolen unterscheiden, was subjektiv zu einer angenehmeren Nutzung führen kann.

Kognitive Wahrnehmung

Für das tiefergehende Verständnis, warum eine Darstellung als gebrauchstauglich oder angenehm empfunden wird, spielt im Wesentlichen der physiologische und psychologische *Wahrnehmungsprozess* eine Rolle. Dabei ist nicht nur die Wahrnehmung im weiteren Sinn, d.h. die Aufnahme und Verarbeitung der Sinnesreize bis zur Erkennung des Reizgegenstandes von Bedeutung, sondern ebenfalls die Nutzung der im Gedächtnis gespeicherten Informationen für die Erkennung (*kognitive Wahrnehmung*). Beispielsweise ist bekannt, dass das sensorische und das Kurzzeit-Gedächtnis eine limitierte Aufnahmefähigkeit von ca. sieben Informationseinheiten besitzen, die aber schon nach ca. 20 Sekunden nicht mehr verfügbar sind. Dieser Aspekt sollte konkrete Auswirkungen z.B. auf die Konzeption von animierten Darstellungen haben, bei der eine sehr hohe Informationsdichte verarbeitet wird.

Bewertung von Präsentation

Aus der Vielzahl der hier aufgeführten Einflussgrößen auf eine „gute Präsentation" wird die Schwierigkeit deutlich, sowohl einfache und eindeutige Regeln, als auch valide Bewertungsverfahren zu entwickeln. Normalerweise erfolgt eine Bewertung zu Gebrauchstauglichkeit und Nutzungserlebnissen über empirische Analysen, die allerdings im Zusammenhang mit der Präsentation von Geodaten erst in den letzten Jahren wieder an Bedeutung gewonnen haben (siehe hierzu z.B.: Nivala et al. (2007), Andrienko et al. (2006), Bollmann & Müller, 2003 oder Slocum et al. (2001)). Typische Analysemethoden sind Befragungen oder Beobachtungen der Probanden, wobei z.B. die ausgesprochenen Gedankengänge (*thinking aloud*) oder die Augenbewegungen bei der Betrachtung einer Karte (*eye tracking*) protokolliert werden. So konnte z.B. nachgewiesen werden, dass erfahrene Personen gegenüber unerfahrenen Nutzern kartographische Darstellungen länger und intensiver betrachten und mehr interaktive Elemente nutzen. Daraus folgt, dass für diese Gruppe auch eine größere Informationsdichte präsentiert werden kann. Empirische Analysen müssen nicht immer mit einer großen Anzahl von Testpersonen arbeiten, um statistisch signifikante Ergebnisse zu erzielen. Wenn es in erster Linie um die Aufdeckung von Gestaltungs- oder Bedienungsfehlern geht, reicht hierfür erfahrungsgemäß auch eine relativ kleine Gruppe von 5 bis 15 Personen aus (Nielsen & Landauer, 1993).

6.2 Gestaltung von Präsentationen

Bei dem eigentlichen Prozess der Gestaltung von Präsentationen fällt der *Kartengraphik*, die ein verkleinertes, maßstäbliches, erläutertes und inhaltlich begrenztes Abbild der Realität erzeugt, eine zentrale Rolle zu. Neben der Graphik werden im Folgenden aber auch andere Formen der Kodierung (z.B. Animationen, Videos oder akustische Darbietungen) mit ihren Vor- und Nachteilen (Abschnitt 6.2.1) sowie ihre Zusammenfügung zu multimedialen Darstellungen (6.2.2) betrachtet. Abschließend erfolgt die Zuweisung geeigneter Kodierungsformen zur Abbildung konkreter geometrischer, thematischer und zeitlicher Merkmale von Geoobjekten (6.2.3). Der Gestaltungsprozess wird hierbei nur konzeptionell beschrieben, die praktisch-technische Umsetzung (i.d.R. mit GIS- oder Kartographie-Software) wird aufgrund der Variabilität und kurzen Haltbarkeitsdauer solcher Systeme nicht näher behandelt.

6.2.1 Elementare Kodierungsformen

Es gibt eine Reihe von Aspekten, nach denen sich Kodierungen gruppieren lassen, z.B. nach Art der Übermittlung (z.B. verbal, nummerisch, bildhaft oder akustisch) oder nach Ansprache der Sinneskanäle (*Modalitäten*) – hier sind vor allem die visuelle und auditive Aufnahme von Bedeutung, selten auch die taktile Erfassung (z.B. Karten für Blinde zum Ertasten mit Hilfe der Braille-Schrift). Ferner unterscheidet man statische oder dynamische sowie interaktive oder nicht-interaktive Formen. Eine unscharfe, in der Praxis aber sehr gebräuchliche Kategorisierung unterscheidet die Kodierungsformen *Bilder* (Graphik, Animation, statisches Bild, Video), *Schrift* und *akustische Darbietungen* (Ton, Klang, Sprache, Musik, Geräusch, Knall), von denen im Folgenden die häufigsten Typen näher beschrieben werden.

6.2.1.1 Graphik

Wie bereits angedeutet, ist die statische *Kartengraphik* die zentrale Form zur Kodierung von Geoinformationen. Sie wird aus den elementaren „Bauteilen" Punkte, Linien und Flächen konstruiert und gewährleistet eine platzsparende und in einem Koordinatensystem verortete Informationswiedergabe. Neben den genannten Grundbegriffen treten häufig die zusammengesetzten Formen Signaturen und Diagramme auf:

Signaturen

- *Signaturen* (Kartenzeichen) dienen zur platzsparenden Wiedergabe von thematischen Sachverhalten. Signaturen werden (gerade im englischen Sprachraum) oft auch als „symbols" (*Symbole*) bezeichnet – streng genommen stellen letztere aber nur eine Teilmenge der Signaturen dar (Hake et al., 2001). Sie erscheinen entweder in einfacher geometrischer Form (z.B. als Dreieck) oder in bildhafter Weise in Grundriss-, Aufriss- oder Schräg-Darstellung (z.B. als schematisierter Baum) und je nach maßstabsbedingter Ausdehnung punkt-, linien- oder flächenhaft. Eine Signatur kann nach geometrischen und graphischen Merkmalen variiert werden, um unterschiedliche Sachverhalte wiederzugeben (z.B. repräsentieren unterschiedlich eingefärbte Dreiecke in einer Atlaskarte verschiedene Rohstoffarten). Neben dem *Farbton* (siehe auch unten) können in der ebenen Darstellung auch *Größe, Füllung* (z.B. durch Schraffur), *Form, Richtung* und *Sättigung* verändert werden (Bertin, 1983). Betrachtet man auch perspektivische und zeitabhängige Darstellungen, ergeben sich weitere Merkmale wie *Raumdimension, Volumen* und *Veränderung* (Buziek, 2003).

Diagramme

- *Diagramme* stellen eine komplexe Variante von zusammengesetzten Zeichen dar. Eine besondere Herausforderung stellt der relativ hohe Platzbedarf von Diagrammen dar, dem z.B. durch Freistellung (Abschnitt 6.2.1.4) oder Platzierung am Rand begegnet werden kann. Für die Beschreibung und Anwendung von Diagrammtypen (z.B. Balken-, Linien- oder Kreisdiagrammen) wird auf relevante Literatur aus der Statistik o.Ä. verwiesen.

Graphische Mindestgrößen

Bei allen Elementen innerhalb einer visuellen Darstellung müssen graphische Mindestgrößen beachtet werden, die in erster Linie durch das limitierte menschliche Sehvermögen begründet sind (Abb. 6-3). Beispielsweise bedeutet die Forderung nach einer minimalen Seitenlänge von 0,3 mm für flächenhafte Objekte in der Karte bei einem Maßstab von 1:50000 eine Restriktion auf 15 m in der Natur, weshalb z.B. Garagen oder kleinere Einzelhäuser in diesem Maßstab nicht mehr darstellbar sind. Daneben muss aber auch beachtet werden, ob die Auflösungen der Ausgabemedien weitere Einschränkungen nach sich ziehen: Während dies bei Druckern und Plottern (mit Auflösungen um 1200 dpi bzw. 0,02 mm) im Vergleich zum menschlichen Auge (um 0,10 mm bei einem Leseabstand von 40 cm) unkritisch ist, bewirken die Lochmaskengrößen von Bildschirmen (um 0,25 mm) eine deutliche Verschlechterung.

Bildschirm-Darstellung

Mit der Darstellung von Kartengraphik auf Bildschirmen erweitert sich zwar der Umfang der (interaktiven) Gestaltungsmittel (Ellsiepen & Morgenstern, 2007), es ergeben sich aber auch neue Probleme. So werden auf Raster-Displays (oder durch das Einscannen von Vektordaten) schräge Linien oder Kurven aufgrund der begrenzten Auflösung sowie der quadratischen Form der Bildpunkte in treppenartige Gebilde umgewandelt. Dieser Effekt wird (wenn auch terminologisch nicht ganz korrekt) als *Aliasing* bezeichnet. Hierdurch können ganze graphische Objekte oder Schriftele-

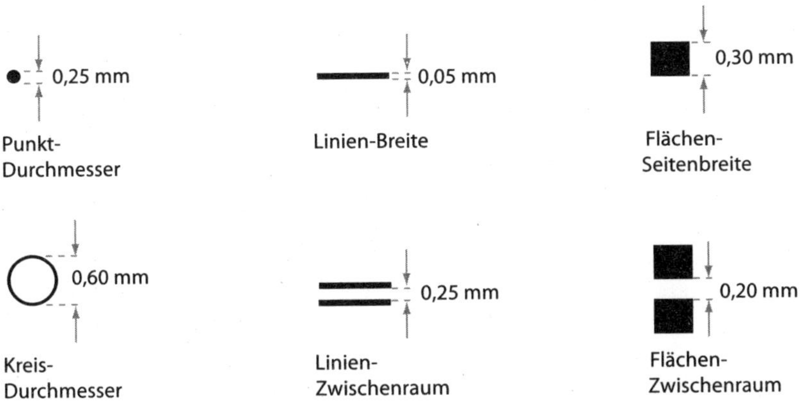

Abb. 6-3: Ausgewählte graphische Mindestgrößen (unabhängig vom Ausgabemedium, bei maximalem Schwarz-Weiß-Kontrast)

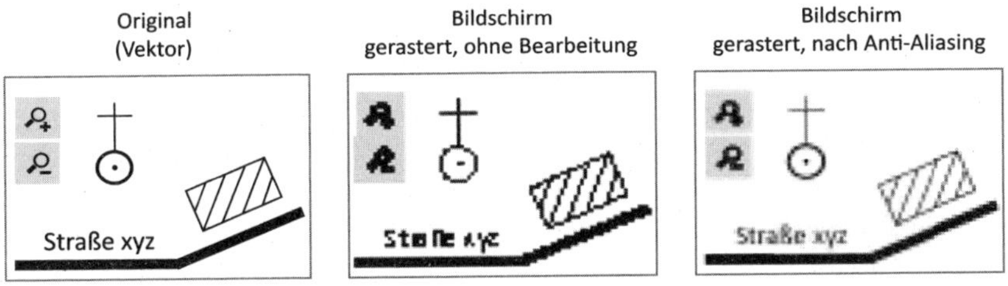

Abb. 6-4: Effekte bei der Abbildung von Vektor-Elementen auf Rasterbildschirmen sowie teilweise Behebung durch Anti-Aliasing-Verfahren

mente verformt werden, mit Nachbarelementen verschmelzen oder sogar ganz verschwinden (Abb. 6-4). Man begegnet diesen Verzerrungen entweder durch eine Verbesserung der Auflösung (wenn möglich), der Glättung bzw. Einführung von allmählichen Übergängen zwischen einer gestuften Kante und seiner Umgebung (*Anti-Aliasing-Verfahren*) oder durch die Wahl größerer und einfacherer graphischer (oder Schrift-)Elemente. Die konkrete Gestaltung der Kartengraphik ist also stark vom Ausgabemedium abhängig.

Kartographische Generalisierung

➲ HAKE ET AL. (2001)

Bedingt durch die graphischen Mindestgrößen in Verbindung mit der maßstäblichen Verkleinerung und dem begrenzten Darstellungsraum sind häufig Reduktionen und besondere (z. B. nicht maßstäbliche oder nicht grundrisstreue) Darstellungsformen notwendig. Die entsprechenden Operationen (z. B. Vereinfachen, Vergrößern, Verdrängen, Zusammenfassen, Auswählen, Klassifizieren oder Bewerten) werden dem Feld der *kartographischen Generalisierung* zugeordnet.

Farbe

Farbe ist ein zentrales Gestaltungsmittel zur Variation von graphischen Elementen und damit zur Differenzierung von Geoinformationen. Hierbei gelten für die Wahl des *Farbtons* (d. h. der dominanten Wellenlänge) zum einen das Prinzip der guten spektralen Trennbarkeit von benachbarten Klassen (z.B. sind Rot und Magenta recht ähnlich), zum anderen das der Assoziativität (z.B. wird Wasser blau und Wald grün dargestellt). Aber auch die *Farbhelligkeit* (z.B. für unterschiedliche „Schattierungen" eines Rot-Tones zur Wiedergabe unterschiedlicher Temperaturen) und die *Sättigung* (z.B. die Verwendung unterschiedlich intensiver Rot-Töne durch Mischung mit Grau-Tönen) sind wichtige Gestaltungselemente.

➲ BREWER (1994)

Zur Beschreibung von Farben existiert eine Reihe von *Farbsystemen*. Die menschliche Wahrnehmung wird am besten durch die oben erwähnte Aufteilung in Farbton, Sättigung und Helligkeit wiedergegeben (engl.: *hue, saturation, intensity*; HSI- oder auch *IHS-System*). Dagegen ist für die Darstellung am (ursprünglich schwarzen) Bildschirm eine additive Farbmischung aus Rot-, Grün- und Blauanteilen (*RGB-System*) sinnvoll. Fehlen diese Anteile komplett, bleibt der Bildschirmpunkt schwarz; liegen sie jeweils in den maximalen Werten vor, entsteht ein weißes Pixel. Für den Druck auf (ursprünglich weißem) Papier bietet sich das subtraktive CMY-Farbsystem (Cyan, Magenta, Yellow) an, bei dem durch Aufbringen einer Substanz gewisse Farbanteile herausgefiltert werden. Da sich für den Extremfall dieser Subtraktion kein echter Schwarz-Ton (sondern ein dunkles Graubraun) ergibt, verwenden die meisten Drucker und Plotter eine zusätzliche Schwarz-Patrone (die sogenannte „Key"-Farbe, daher auch *CMYK-System*) – was nebenbei auch kosteneffizienter als der Druck mit drei Farbtönen ist. Es existieren noch eine Reihe weiterer Farbsysteme, die sich u.a. hinsichtlich des beschreibbaren maximalen Farbumfangs unterscheiden, was auch eine Transformation untereinander schwierig macht. Dies bemerkt man oft, wenn sich Farben zwischen der Bildschirmdarstellung und einem Ausdruck auf Papier unterscheiden. Aus diesem Grund ist für gehobene Ansprüche auch ein *Farbmanagement* notwendig, das im Kern eine Farbkalibrierung und -anpassung auf den einzelnen Geräten durchführt (STOLL & BORYS, 2007).

6.2.1.2 Animationen

Arten von Veränderungen

Werden mehrere konstruierte Bilder zu Sequenzen verbunden, spricht man von *Animationen* (im Gegensatz zu Videos, die spektrale Reflexionen über einen Zeitraum aufzeichnen). Mit Animationen können Veränderungen raumzeitlicher Informationen repräsentiert werden, wobei als Variablen (zumeist isoliert, aber auch kombiniert) in Betracht kommen:

- Zeit, z.B. bei der Darstellung der Arbeitslosenquote in Deutschland zwischen 1950 und 2010 in 5-Jahres-Schritten;
- Raum-Ausschnitt, z.B. durch die Variationen von Blickposition oder -winkel (z.B. als „fly-through") oder Veränderung des Maßstabes (z.B. durch „Hinein-Zoomen" in ein Gelände);
- thematische Attribute, z.B. durch die abwechselnde Darstellung von Arbeitslosenquote und Bruttosozialprodukt der Bundesländer im Jahr 2010.

Animationen bestehen aus denselben elementaren „Bauteilen" wie Graphiken. Darüber hinaus sind aber noch weitere Parameter zu berücksichtigen (Abb. 6-5), z.B. Anzahl und Reihenfolge der Einzelbilder (*Frames*; i.d.R. chronologisch und gleichmäßig), Dauer der Darbietung eines Einzelbildes (bzw. *Frequenz*, in Frames pro Sekunde), Rate der dargestellten Veränderungen, Übergänge zwischen Einzelbildern (z.B. abrupt oder überblendet) und Synchronisation mit anderen Darstellungen (z.B. mit anderen Zeitserien oder sprachlichen Erläuterungen). Bei der Gestaltung von Animationen ist neben dem erhöhten Erstellungsaufwand auch immer ihre Gebrauchstauglichkeit zu beachten, da es aufgrund der hohen Informationsdichte und schnellen Vermittlung zu einer Überforderung des Kurzzeitgedächtnisses kommen kann (siehe hierzu auch Abschnitte 6.1 und 6.2.3.3).

Parameter von Animationen

➲ Harrower & Fabrikant (2008)

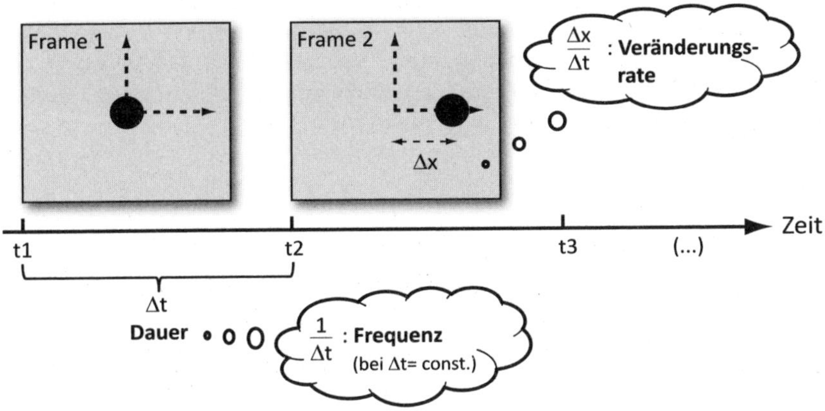

Abb. 6-5: Ausgewählte Parameter einer Animation

6.2.1.3 Spektralbilder

Statische Bilder (z.B. Luftbilder) und *Videos*, die in der Regel spektrale Reflexionen aufzeichnen, dienen meist als Hintergrundinformation oder zur temporären Veranschaulichung (z.B. durch Erscheinen eines Fotos einer Kirche, nachdem ein Maus-Click auf die entsprechende Kirchen-Signatur erfolgt ist). Der Vorteil der Spektralbilder ist die große Realitätsnähe, ihr Nachteil die hohe Informationsdichte und die fehlende Vermittlung zusätzlicher thematischer oder zeitlicher Attribute. Zu einem gewissen Grad können die Bilddaten noch mit erläuternden Informationen (wie z.B. Straßennamen oder Signaturen) versehen werden – in diesem Fall spricht man auch von *Bildkarten*.

6.2.1.4 Schrift

Schrift wird bei der Präsentation von Geoinformationen in der Regel in Verbindung mit anderen Kodierungsformen eingesetzt bzw. ist hierbei sogar zwingend notwendig (z.B. zur Beschriftung von Höhenlinien). Wie bei

Schrift-Variationen

den Signaturen gibt es auch hier eine Reihe von Variationsmöglichkeiten (Größe, Farbe, Fettdruck, Kursivdarstellung etc.). Diese können zu den aus der Textverarbeitung bekannten *Schriftfonts* (z.B. Arial oder Times), d.h. einer in sich konsistenten Gestaltung eines Zeichensatzes, gruppiert werden. Für eine effektive und effiziente Lesbarkeit in Präsentationen gibt es einige Regeln bzw. Empfehlungen, wie z.B. die Vermeidung „dekorativer" oder mehrerer Schriftfamilien, sowie die Wahl einer angemessenen Schriftgröße, die u.a. von der Platzverfügbarkeit, dem Hintergrundkontrast, der Schriftart oder dem Ausgabemedium abhängig ist.

Schriftplatzierung

Auch für die *Schriftplatzierung* gibt es einige Regeln, wie z.B. die Anordnung an punkthaften Objekten (idealerweise rechts oberhalb des Punkts), linienhaften Objekten (oberhalb und dem Trend der Linie folgend) oder flächenhaften Objekten (waagerecht oder in Richtung der größten Ausdehnung). Der begrenzte Kartenplatz sowie die Mindestgrößen von Schrift und Graphik führen jedoch dazu, dass diese Vorschriften nicht immer eingehalten werden können oder Überlagerungen verschiedener Kartenelemente auftreten. Daher werden u.a. verschiedene Methoden der *Freistellung* (z.B. Maske, Umring, Schatten) zur Hervorhebung der Schrift gegenüber dem Hintergrund angewendet (Abb. 6-6).

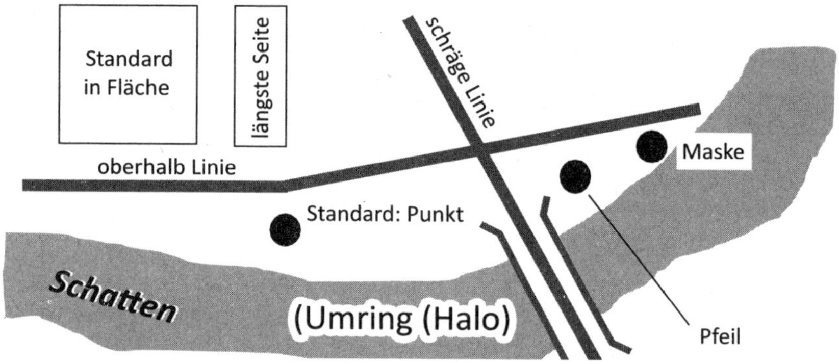

Abb. 6-6: Ausgewählte Operationen zur Schriftplatzierung und -freistellung

6.2.1.5 Akustische Darbietungen

Arten des Schalls

In der Physik unterscheidet man vier Arten des Schalls: *Töne* sind harmonische (reine) Schwingungen, *Klänge* entstehen durch die Kombination verschiedener Töne, *Geräusche* sind unregelmäßig überlagerte Schallerscheinungen und *Knalle* bestehen aus sehr wenigen Schwingungen bei großer und schnell abklingender Amplitude. In zusammengesetzten Formen tritt Schall als *Sprache* oder *Musik* auf. Prinzipiell stellen auch solche akustischen Darbietungen eine Möglichkeit dar, um raumbezogene Information zu vermitteln bzw. visuelle Darstellungen zu unterstützen. Ein typischer Anwendungsfall ist das Fahrzeugnavigations-System, bei dem gesprochene Anweisungen aufgrund der Belegung des visuellen Sinneskanals sehr sinnvoll sind. Ein anderes Beispiel sind Karten für Blinde (z.B. ZHAO ET AL., 2008).

Soundvariablen

Analog zu den graphischen Variablen (Größe, Farbe etc.; Abschnitt 6.2.2.1) können auch für die akustischen Darbietungen *Soundvariablen* definiert werden (KRYGIER, 1994): Lage (z.B. nah oder fern), Lautstärke, Tonhöhe, Register(-züge), Klangfarbe (z.B. hell oder dunkel), Dauer, Tempo, Reihenfolge und An- oder Abklingen. Mit fast allen Variablen ist es denkbar, ordinalskalierte (d.h. nach Größe geordnete) Werte zu repräsentieren, beispielsweise können in einer digitalen Karte durch ein Überfahren (Mouseover) über verschiedene Stadtteil-Flächen verschieden laute Töne erzeugt werden, welche die jeweiligen Zufriedenheiten mit der Lebensqualität beschreiben.

Probleme

Zwar kann das menschliche Gehör feine Unterschiede in den oben genannten Soundvariablen gut unterscheiden, dafür ist aber die Erfassung absoluter Werte nahezu unmöglich. Auch die gleichzeitige akustische Darbietung von zwei oder mehr unterschiedlichen Werten ist praktisch genauso wenig realisierbar wie die Wiedergabe von geometrischen Informationen (z.B. der Position eines Geoobjektes). Es gibt wenige Untersuchungen, die den Mehrwert einer kombinierten, graphisch-akustischen Darstellung belegen – z.B. HARDING ET AL. (2002) oder LODHA ET AL. (1999). Aufgrund dieser eingeschränkten Möglichkeiten findet die akustische Darbietung bei der Präsentation von Geoinformationen bisher auch nur wenig bzw. nur als ergänzende Kodierungsform – und hierbei insbesondere in sprachlicher Form – Anwendung.

6.2.2 Multimediale Darstellungen und Interaktionen

Multimediale Darstellung

Integriert man unterschiedliche Kodierungsformen, spricht man von *multimedialen Darstellungen*. Allerdings sollte „Multimedia“ nicht nur als die reine technische Verknüpfung verschiedener „Medien“ unter einer Plattform angesehen werden. Stattdessen sollte es als ein Konzept verstanden werden, das neben

- der *Multikodalität* (also der Bereitstellung verschiedener Kodierungsformen) auch
- die *Multimodalität* (d.h. die gleichzeitige Aufnahme von Signalen mit unterschiedlichen Sinnen),
- ein *Multitasking* (d.h. die Option zur Ausführung unterschiedlicher Aufgaben in unterschiedlicher Reihenfolge) und vor allem
- die *Interaktivität* (siehe unten)

vorsieht, wobei aber nicht alle Aspekte gleichzeitig vorkommen müssen (KLIMSA, 2002). Demnach kann die „klassische Karte“ bereits als ein multimediales Produkt verstanden werden, weil sie durch die Verwendung von Graphik und Schrift eine Multikodalität aufweist. Es ist zu erwarten, dass in Zukunft der Anteil komplexer multimedialer Darstellungen steigen wird, da es immer einfachere und kostengünstigere Möglichkeiten zur Aufzeich-

➲ CARTWRIGHT ET AL. (2007)

nung und zum Abspielen von bewegten Bildern (Animationen, Videos) sowie akustischen Darbietungen geben wird.

Insbesondere aufgrund des Erstellungsaufwandes und der erhöhten Nutzungskomplexität sollte bereits bei der Konzeption von multimedialen Darstellungen unbedingt deren Notwendigkeit, d.h. die konkrete Funktion im Zusammenhang mit der Gebrauchstauglichkeit bzw. dem Nutzungserlebnis für den Anwender betrachtet werden. Nach DRANSCH (1999) gibt es verschiedene *Medienfunktionen*, von denen die häufigste die Unterstützung der Wahrnehmung ist. So können mehrere Kodierungsformen die Aufnahmekanäle durch Verteilung entlasten oder wichtige Informationseinheiten durch Wiederholung betonen. Andererseits ist aber immer auch die Gefahr der Überlastung (*overload*) bzw. die Interferenz von Informationen zu beachten.

Interaktion

Die Verwendung mehrerer Kodierungsformen bedingt in der Regel auch die verstärkte Möglichkeit eines Nutzereingriffs, d.h. eine größere *Interaktion*. Auch erweiterte Funktionalitäten (z.B. Anbindung an eine Datenbank, stufenloses Zoomen, thematische Selektionen) sowie technische Einschränkungen von Webkarten (z.B. geringe Bildschirmgröße, schlechte Monitorauflösung) bedingen zusätzliche interaktive Eingriffe. Standardoperationen beim Gebrauch von visuellen Darstellungen sind die Veränderung des Maßstabs (*zooming*), die Veränderung des Kartenausschnitts (*panning*), die Selektion der darstellbaren Themen (*layering*) oder das Einblenden von Zusatzinformationen (*identifying*).

➲ EBINGER & SKUPIN (2007)

Gerade für Explorationsaufgaben sind weitere Interaktionsformen notwendig, um große und multivariate Datenmengen bearbeiten zu können, z.B. um Schwellwerte für gewisse Entscheidungen in einem iterativen Prozess festzulegen. Eine wichtige Operation hierbei ist die Selektion von Informationen (*focusing, brushing*), z.B. die ständig aktualisierte Einfärbung von solchen Landkreisen, die eine Arbeitslosenquote aufweisen, die größer als ein variabler, interaktiv gesetzter Wert ist. Alternativ kann eine Verknüpfung (*linking*) verschiedener visueller oder nicht-visueller Darstellungen Korrelationen zwischen den dargestellten Themen erkennen oder verifizieren (ROBERTS, 2005).

Mit solchen Operationen steigt natürlich auch die Komplexität der Auswertung, sodass eine Nutzerumgebung idealerweise auch die Anwendung von Strategien zur Exploration ermöglichen sollte. Die wohl bekannteste Vorgehensweise im Zusammenhang mit visuellen Darstellungen ist das *visual information seeking mantra* von SHNEIDERMAN (1996), der die typischen (aber auch sehr allgemein gehaltenen Arbeitsschritte) mit „overview first – zoom and filter – details on demand" beschreibt.

6.2.3 Abbildung von Objektmerkmalen

Die Kernaufgabe bei der Gestaltung von Präsentationen besteht darin, gegebene Geoobjekte und ihre geometrischen, thematischen und zeitlichen Merkmale in einem sinnvollen und vom Nutzer leicht zu erfassenden Gefüge von Kodierungen abzubilden. Im Folgenden werden – getrennt nach Art dieser Merkmale – schwerpunktmäßig die graphischen Kodierungen und ihre „Komposition" zu verschiedenen *Kartentypen* betrachtet. Daneben werden aber auch die Potenziale und speziell die Probleme anderer Kodierungen angerissen.

6.2.3.1 Abbildung von geometrischen Informationen

Lage-Informationen

Das für die Geo-Disziplinen typische Merkmal von Objekten ist deren Geometrie bzw. ihr Raumbezug. Die elementaren geometrischen Eigenschaften eines Objekts in der Ebene (d.h. dessen Position und Ausdehnung), aber auch dessen topologische Merkmale (d.h. Verbindungen, Nachbarschaften und Zugehörigkeiten) werden bei der graphischen Darstellung per se durch das entsprechende graphische Grundmotiv (z.B. ein Polygon für einen See) abgebildet. Bezüglich der Genauigkeit der Lage-Darstellung sind zwei Aspekte zu berücksichtigen:

- Mit kleiner werdendem Maßstab wird aufgrund der limitierenden graphischen Mindestgrößen (Abschnitt 6.2.1.1) eine strenge *maßstabs- oder grundrisstreue Darstellung* immer weniger möglich. Die notwendige kartographische Generalisierung führt zu *grundrissähnlichen* bzw. *lagetreuen Darstellungen* (z.B. durch Vereinfachung eines komplexen Haus-Umrings durch ein Rechteck bzw. durch Verwendung einer Flughafen-Signatur in einer Karte im Maßstab 1:500000).
- Ebenfalls aufgrund der Maßstabs-Limitierungen muss die geometrische Dimension des darzustellenden Objektes nicht unbedingt mit der graphischen Dimension übereinstimmen. Beispielsweise ist eine ca. 6 m breite Landstraße im Maßstab 1:100000 nicht mehr als Fläche darstellbar und wird durch eine Linie wiedergegeben (*Geometriewechsel*).

Hinsichtlich der Begrenzung der darzustellenden Geo-Objekte oder Phänomene ist zu unterscheiden, ob diese eine scharfe Grenze aufweisen (z.B. der Umriss eines Gebäudes; *Diskretum*) oder sie grundsätzlich an jeder Stelle vorkommen können bzw. eine räumlich unbegrenzte Ausdehnung aufweisen (z.B. die Geländehöhe oder eine Schadstoffausbreitung; *Kontinuum*). Während die diskreten Objekte durch die klassischen graphischen Grundelemente gut abgegrenzt werden können, muss es für kontinuierliche Objekte oder Phänomene andere Varianten geben. Akustische Darbietungen zur Beschreibung der Geometrie sind ungewöhnlich, bestenfalls sind relative Entfernungen (nah-fern) durch variable Tonhöhen o.Ä. darstellbar.

Höhen-Informationen

Der wohl wichtigste Anwendungsfall für ein Kontinuum ist die Darstellung von Höhen. Diese erfolgt in der Ebene zumeist durch *Isolinien (Höhenlinien)*, die benachbarte Punkte gleichen Wertes mit einander verbinden, oder *(Höhen-)Schichtdarstellungen*, welche die Flächen zwischen zwei Isolinien mit einem einheitlichen Farbton versehen. Darüber hinaus sind aber auch Schummerungen, Schraffierungen, Profile, Drahtgittermodelle, Panoramen, Animationen u.a. denkbar. Bei der Auswahl einer Darstellungsmethode ist zu berücksichtigen, ob in erster Linie ein Eindruck der

➲ DÖLLNER (2005)

Geländeform vermittelt (z.B. durch Schummerungen) oder möglichst exakte Höhenwerte abgegriffen werden sollen (z.B. durch Höhenlinien).

6.2.3.2 Abbildung von thematischen Informationen

Die thematischen (auch: semantischen oder sachlichen) Informationen zu einem Geoobjekt beschreiben dessen Qualität und Quantität des Vorkommens. Tab. 6-1 gibt einen Überblick über ausgewählte, häufig verwendete Kartentypen, die im Folgenden näher beschrieben werden.

Tab. 6-1: Übersicht häufig verwendeter Kartentypen zur Wiedergabe thematischer Informationen nach Art des Merkmals sowie der graphischen Dimension

Thematisches Merkmal		Graphische Dimension		
		Punkt	Linie	Fläche
Qualität		Punkt-Signaturenkarte	Linien-Signaturenkarte	Flächen-Signaturenkarte („Mosaikkarte")
Quantität	**absolut**	Figurenkartogramm, Kartodiagramm		
	relativ	Figurenkartogramm, Kartodiagramm		Flächenkartogramm („Choroplethenkarte")

Qualitäten

Die *Qualität* eines Objekts beantwortet die Frage nach dessen Art („Was?"). In der Regel werden Qualitäten durch *Signaturenkarten* repräsentiert. Zum Beispiel können in einer Punktsignaturenkarte die öffentlichen Gebäude einer Stadt durch typische bildhafte Symbole (z.B. für Post, Kirche oder Krankenhaus) beschrieben werden. Ein anderes Beispiel ist die Flächensignaturenkarte (auch: *Mosaikkarte*), die komplette Flächen mit einem einheitlichen Farbton oder einer einheitlichen Schraffur gemäß eines qualitativen Attributs (z.B. Regierungspartei nach Bundesländern) ausfüllt. Akustische Darbietungen für Qualitäten sind ungewöhnlich; Ausnahmefälle gibt es, wenn Inhalte durch assoziierende Geräusche (z.B. Sirene für Polizeistation) beschrieben werden können.

Quantitäten

Die *Quantität* beantwortet die Frage nach Menge eines Objektes oder dessen Attributes („Wie viel?"). Auf graphische Art kann das Ergebnis in verschiedenen Ausprägungen von *Kartogrammen* dargestellt werden. Für die jeweilige Auswahl des angemessenen Typs ist neben der Bezugsgeometrie (also Punkte, Linien oder Flächen) auch die Anzahl der Werte eines Attributs je Bezugsgeometrie sowie die Art des Wertes (absolut oder relativ) von Bedeutung. Hierbei sind *Absolutzahlen* Werte, die aus Messungen oder Zählungen stammen (z.B. Bevölkerungsanzahl), während *Relativzahlen* durch eine Verknüpfung verschiedener Absolutzahlen entstehen (z.B. Bevölkerungsdichte aus Bevölkerungsanzahl und Gesamtfläche). Im Folgenden werden die wichtigsten Einsatzszenarien von Kartogrammen vorgestellt:

- Betrachtet man einzelne, absolute Quantitäten (z.B. Bevölkerungsanzahl für alle Bundesländer), verwendet man in der Regel *Figurenkarto-*

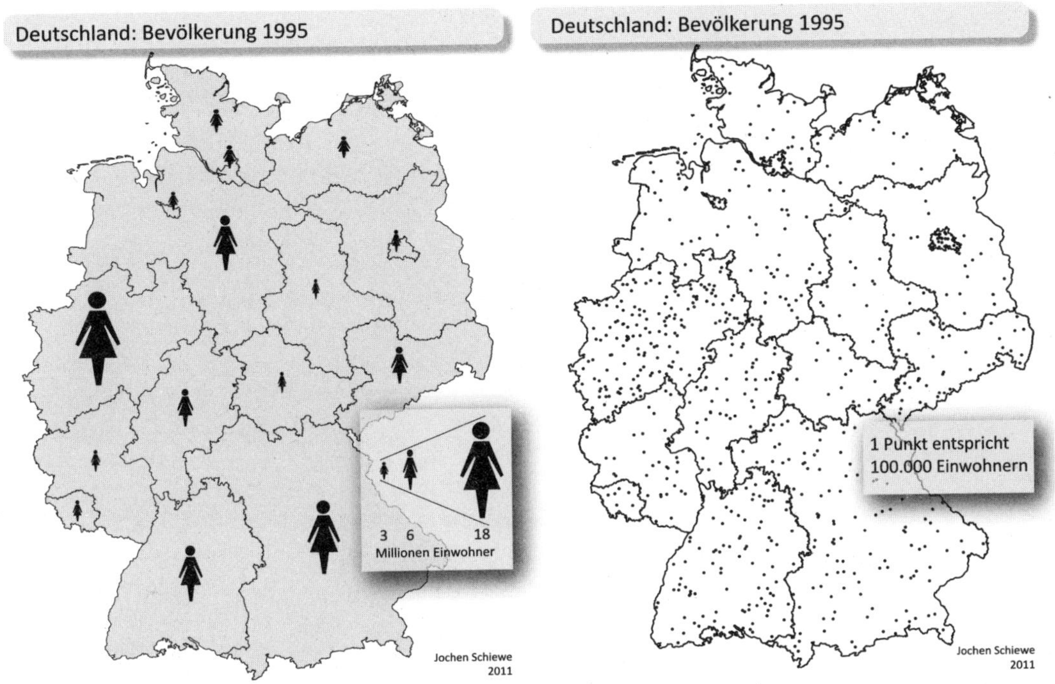

Abb. 6-7: Figurenkartogramme: Absolute Quantitäten (Bevölkerungsanzahl) werden durch Variation der Größe der Signatur (links) bzw. Anzahl der Signaturen (rechts) wiedergegeben

gramme. Hierbei können Signaturen („Figuren") gemäß des darzustellenden Wertes in ihrer Größe (*Proportionalmethode*) oder ihrer Anzahl (*Mengenmethode* mit dem Spezialfall der *Punktstreuungsmethode*) variiert werden (Abb. 6-7).

- Einzelne, relative und auf Flächen bezogene Quantitäten (z.B. Bevölkerungsdichte für alle Bundesländer) werden in *Flächenkartogrammen* (auch: *Choroplethenkarten)* dargestellt. Hierzu wird die Flächenfüllung gemäß des darzustellenden Wertes in ihrer Farbe, Helligkeit oder Schraffur verändert. Eine effiziente Lesbarkeit (d.h. ohne ständige Nutzung der Legende) erzielt man durch die Veränderung der Helligkeit eines Farbtons, wobei geringe Helligkeit (z.B. hellgrau) einen kleinen Wert symbolisiert. Um einen charakteristischen (Grenz-)Wert und die Abweichungen in zwei Richtungen zu repräsentieren, wird oft auch eine zweifarbige (bipolare) Skala verwendet (z.B. unterschiedliche Helligkeiten von rot bzw. blau für Temperaturen, die über bzw. unter dem Gefrierpunkt liegen).

  Wenn eine begrenzte, klar zu unterscheidende Anzahl von Helligkeits- oder Farbton-Stufen angestrebt wird, müssen die zugrunde liegenden Zahlenwerte vorab gruppiert (klassifiziert) werden. Hierfür gibt es unterschiedliche Methoden, z.B. die Einteilung nach Sinngruppen (z.B. Groß-, Mittel- und Kleinstädte), gleichen Wertabständen (*äquidistant*), gleich häufig besetzten Gruppen (*Quantile*), Besetzung der Klassen gemäß der Gauß'schen Normalverteilung oder Setzen von Klassengrenzen an Lücken im Wertebereich (*natural breaks*). Abb. 6-8 demonstriert, dass die Häufigkeitsverteilung der Originalwerte einen signifikanten Einfluss auf die Klassenzugehörigkeit und damit auf den visuellen Eindruck einer Choroplethenkarte haben kann.

- Mehrere zusammenhängende Quantitäten (z.B. Entwicklung der Arbeitslosenquote in allen Bundesländern über mehrere Zeitpunkte) wer-

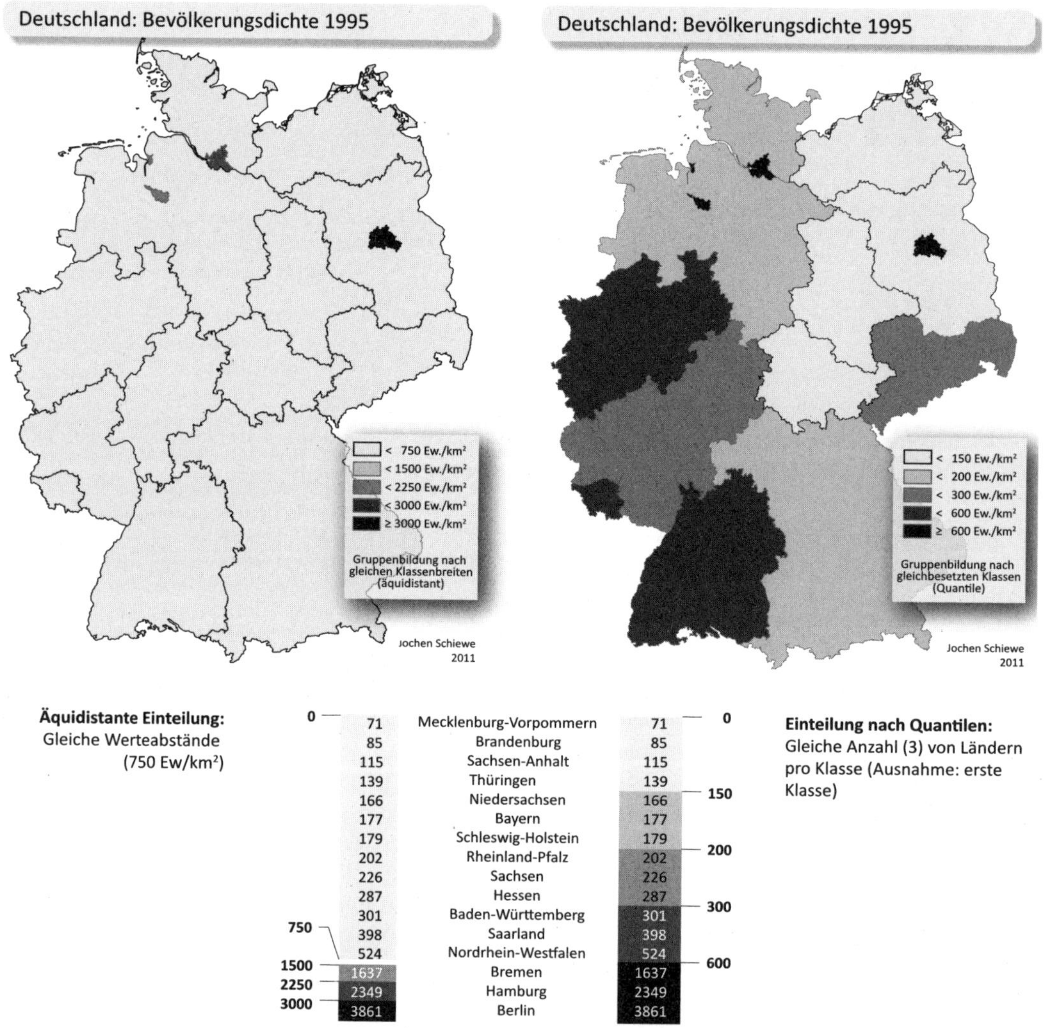

Abb. 6-8: Choroplethenkarten: Relative Quantitäten (Bevölkerungsdichte) werden durch Flächeneinfärbungen nach unterschiedlichen Klassenbildungen wiedergegeben – gleiche Klassenbreiten (links) und gleichstark besetzte Klassen (rechts); bei der Wiedergabe mit gleichen Breiten werden aufgrund einer stark ungleichmäßigen Datenverteilung nur wenige Klassen besetzt und Unterschiede kaum sichtbar (Datengrundlage: statistikportal.de)

den in der Regel durch *Kartodiagramme* (d.h. die Integration von Diagrammen in das Kartenbild) wiedergegeben.
- Sollen mehrere unterschiedliche Quantitäten in einer visuellen Darstellung repräsentiert werden (z.B. Bevölkerungsdichte und Arbeitslosenquote für alle Bundesländer), müssen verschiedene graphische Variationen (z.B. Farbe, Helligkeit, Schraffur) verwendet werden, die sich aber nicht gegenseitig in ihrer Sichtbarkeit beeinflussen (z.B. verdecken) dürfen.

Akustische Darbietungen sind wie bereits in Abschnitt 6.2.2.5 beschrieben zur Wiedergabe absoluter Quantitäten nur bedingt geeignet. Durch unterschiedliche Lautstärken oder Tonhöhen kann aber immerhin die eingeschränkte Information der Rangordnung innerhalb eines Wertebereichs vermittelt werden.

6.2.3.3 Abbildung von zeitlichen Informationen

➲ ANDRIENKO ET AL. (2008)

Die zeitlichen (auch: temporalen) Informationen eines Geoobjekts beschreiben dessen Veränderungen bezüglich seiner Geometrie oder thematischen Attribute (z.B. Ausbreitung eines Hochwassers oder Arbeitslosenquote zwischen 1950 und 2010). Bei Veränderungsanalysen (*change detection/analysis*) sind weniger die einzelnen Zustände zu gegebenen Zeitpunkten, sondern vielmehr die großen (bis hin zu existenziellen) Veränderungen (bzw. Gradienten) von zentralem Interesse. Gerade in den Geo-Disziplinen interessiert man sich in der Regel auch immer für die Orte der Veränderungen (raumzeitliche Analysen), die Rückschlüsse auf kritische Regionen („Hot Spots") oder räumliche Korrelationen erlauben.

Animationen

Aufgrund des dynamischen Charakters von Animationen lassen sich hiermit Veränderungen prinzipiell gut abbilden. Andererseits wurde aber auch schon das Problem geschildert, dass es aufgrund einer zu hohen Informationsdichte und zu schnellen Vermittlung zu einer Überforderung des Kurzzeitgedächtnisses kommen kann (Abschnitt 6.1). Ferner kann zu einem Zeitpunkt auch immer nur ein kurzer Zeitausschnitt dargestellt werden, sodass sich der Nutzer vorhergehende Zustände merken muss. Bei der Gestaltung von Animationen ist auch zu darauf zu achten, dass weder zu viele Werte (z.B. je ein Wert für jeden US-Bundesstaat), noch gegenläufig verändernde Werte (z.B. teilweise Abnahme, teilweise Zunahme von Durchschnittstemperaturen) repräsentiert werden. Idealerweise sollten Animationen also nur zur Vermittlung einheitlicher Trends im gesamten Kartenfeld verwendet werden.

Statische Graphiken

Alternativ zu den dynamischen Darstellungen bieten sich auch statische Graphiken zur Abbildung zeitlicher Merkmale bzw. von Veränderungen an – entweder als Folge gleichzeitig sichtbarer Karten (*Kartenserie*) oder als einzelne Karten. Bei den Letzteren gibt es eine Reihe gestalterischer Elemente für unterschiedliche Vermittlungszwecke, z.B.:
- Zonen zeitlicher Entfernungen zu einem Zielpunkt (Erreichbarkeitskarten) werden durch *Isochronenkarten* (analog zu Höhenschichtdarstellungen; Abschnitt 6.2.3.1) dargestellt (GLANDER ET AL., 2010).

- Richtungen und Intensitäten von Bewegungen werden durch Pfeilsignaturen repräsentiert.
- Selten wird anstelle eines räumlichen ein zeitlicher Maßstab verwendet (z.B. basierend auf Fahrtzeiten zwischen mehreren Orten; SPIEKERMANN, 2000).
- Der Raum-Zeit-Würfel (*space-time cube;* KRAAK, 2008) stellt in der Ebene die Position und auf der vertikalen Achse die Zeit dar, womit raumbezogene Analysen von Zeitdifferenzen und Geschwindigkeiten ermöglicht werden (Abb. 6-9).
- Thematische Änderungen eines Objektes können durch verschiedene *Kartodiagramme* (z.B. ein Säulendiagramm für das Thema Arbeitslosenquote zwischen 1950 und 2010 in 10-Jahres-Schritten) wiedergegeben werden. Hierbei ist auch eine Überlagerung mehrerer Diagramme in einem einzigen Schaubild am Rand denkbar, um Unterschiede zwischen den Bezugsflächen deutlich zu machen.
- Können Veränderungen nummerisch (z.B. durch Prozentwerte oder Indizes) ausgedrückt werden, bieten sich *Choroplethenkarten* (z.B. mit einer Einfärbung der Bundesländer gemäß der prozentualen Zu- oder Abnahme von Migranten zwischen 1950 und 2000) an.
- Schließlich ist auch die Variation von *Signaturen* (z.B. durch Orientierung oder Richtung eines Symbols zur Verdeutlichung einer Tendenz) eine denkbare Präsentationsform.

Prinzipiell können akustische Darbietungen als Ergänzung eingesetzt werden, z.B. um nach Mausklick auf eine Bezugsfläche den Verlauf eines At-

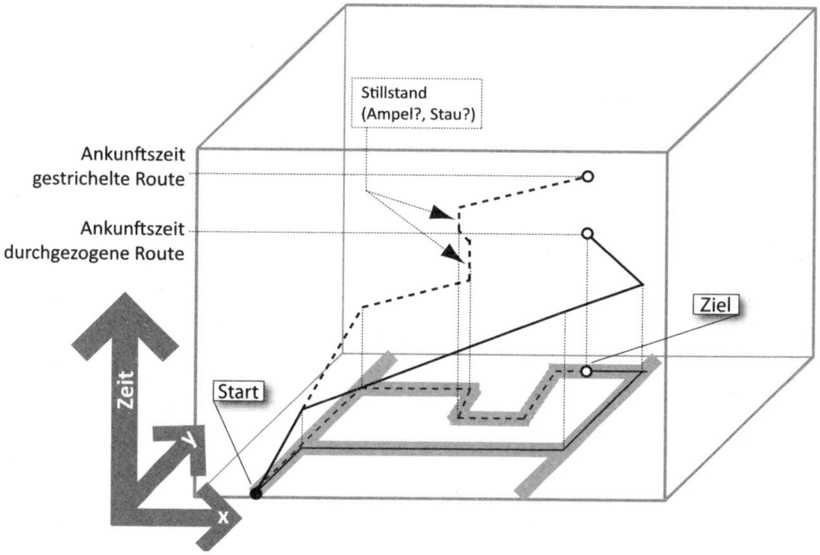

Abb. 6-9: Space-time cube: Darstellung des raumzeitlichen Verlaufs zweier unterschiedlicher Routen (durchgezogen bzw. gestrichelt) von Start- zu Zielpunkt

tributwertes durch entsprechende Änderungen der Tonhöhe zu beschreiben.

Interaktivität

Aufgrund der gestiegenen Komplexität durch multitemporale Informationen ist oft der Einsatz interaktiver Elemente sinnvoll. So kann ein Schieberegler zum Vor- und Zurückspulen einer Animation das oben beschriebene Problem der isolierten Darstellung eines einzelnen Zeitschnitts mindern. Gerade für explorative Aufgaben werden die aufgeführten Visualisierungsformen häufig in Verbindung mit interaktiven Techniken eingesetzt (z.B. zur Eingrenzung eines Zeitfensters mittels Schiebereglern oder zur Verbindung mit anderen Karten mittels *Linking*; Abschnitt 6.2.2).

6.3 Status und Entwicklungstendenzen

Während die historische Entwicklung der Kartographie stark kulturell, gesellschaftlich und politisch geprägt wurde, sind die treibenden Kräfte in den letzten Jahrzehnten neue Technologien, die in aller Regel außerhalb der Geo-Disziplinen entstehen, sowie neue Nutzeransprüche, die methodische Weiterentwicklungen fordern.

Technik

Zu den technischen Einflüssen zählt neben den bereits erwähnten Weiterentwicklungen im Multimedia-Bereich auch die starke Verbreitung von *mobilen Endgeräten*. Die Verbindung mit Positionierungsdiensten wie dem GPS führt zu Konzepten der *Location Based Services* oder der *ubiquitären* (d.h. „allgegenwärtigen") *Kartographie*. Aufgrund des kleineren Bildschirms dieser Geräte sind alternative graphische und interaktive Gestaltungskonzepte notwendig (Gartner et al., 2007; Reichenbacher, 2005). Die Verknüpfung von virtuellen Informationen in eine reale Umgebung (z.B. durch Einblendung einer Straßenkarte in die Frontscheibe eines fahrenden Fahrzeugs) führt zur sogenannten *Mixed Reality* (Paelke & Sester, 2010). Im Zusammenhang mit Ausgabemedien haben inzwischen *3D-Displays* Produktionsreife erlangt, die auch ohne Spezialbrillen eine stereoskopische Wahrnehmung erlauben und kartographische Darstellungen nicht mehr nur auf die Ebene reduzieren (Buchroithner, 2007). Auch neue *Mensch-Maschine-Schnittstellen*, die z.B. Interaktionen durch Gesten, Sprache oder „multi touch" erlauben, haben wichtige Auswirkungen auf die Gestaltungen von Präsentationen. Schließlich wird durch die immer stärkere Vernetzung durch Internetdienste wie das WWW nicht nur die umfangreiche und schnelle Verbreitung von Präsentationen gefördert, sondern es ergeben sich auch Möglichkeiten zu ihrer standortübergreifenden, verteilten Erstellung und Analyse (*kollaborative Geovisualisierung*; Fuhrmann et al., 2008, Brodlie et al., 2005; Brodlie, 2005; Dickmann, 2005).

Nutzeransprüche

Durch die Verfügbarkeit von immer größeren und komplexeren Datenbeständen steigen auch die Ansprüche der Nutzer hinsichtlich einer effektiven und effizienten Darstellung. Ein Beispiel ist die Notwendigkeit einer schnellen Anpassung der Kartengraphik an den gewählten Maßstab, der in einer digitalen Umgebung durch Zoom-Operationen ständig verändert werden kann. Dies führt zur Forderung nach Verfahren zur (Echtzeit-)Generalisierung (WEIBEL & BURGHARDT, 2008; SESTER, 2008; MACKANESS ET AL., 2007). Um den erweiterten Nutzungszwecken (z.B. der Exploration; Abschnitt 6.1) und den dazugehörigen Methoden Rechnung zu tragen, wurde auch bereits der Begriff der Geographischen Visualisierung – inzwischen abgekürzt als *Geovisualisierung* (MACEACHREN, 2004) – eingeführt. Diese ist als Erweiterung der Kartographie anzusehen, mit der nicht nur ein größerer Satz an Darstellungsmethoden (z.B. interaktiven oder dynamischen Formen), sondern neben der Kommunikations- verstärkt auch die Unterstützung einer Explorationsfunktion einhergeht. Verallgemeinert man weiter, gelangt man zum Begriff der *Visualisierung,* die allerdings je nach Disziplin sehr unterschiedlich definiert wird. Aus interdisziplinären Ansätzen haben sich weitere Fachgebiete gegründet, wie z.B. das *Visual Analytics,* das sich mit dem analytischen Schließen aus großen Datenmengen mit Unterstützung von visuellen Schnittstellen befasst (THOMAS & COOK, 2005; ANDRIENKO & ANDRIENKO, 2005).

➲ DYKES ET AL. (2005)

Organisatorische Aspekte

Die immer größere Verfügbarkeit sowie verteilte Nutzung und Darstellung von Geoinformationen (z.B. auch im Rahmen von Geodateninfrastrukturen; siehe Abschnitt 4.9) führen zum einen zur Notwendigkeit einer stärkeren Standardisierung, für die im internationalen Kontext primär das Open Geospatial Consortium (OGC) verantwortlich zeichnet (siehe Abschnitt 4.6). Zum anderen wächst auch der Bedarf, Persönlichkeits- und Urheberrechte zu schützen – die Entwicklung entsprechender einheitlicher, rechtlicher Regelungen ist aber bei Weitem noch nicht abgeschlossen (DIEZ ET AL., 2009).

Zusammenfassend kann festgehalten werden, dass die Kartographie mit ihrer Kernkompetenz – der Fähigkeit, Merkmale von Geoobjekten effektiv und effizient abzubilden – weiterhin die zentrale Rolle auf dem Gebiet der Präsentation von Geoinformationen spielt. Die aktuellen technischen Entwicklungen und neuen Nutzeranforderungen machen aber auch deutlich, dass sowohl die Erzeugung von Präsentationen als auch deren Nutzung immer stärker über das Kerngebiet der Kartographie hinausgehen muss (was z.B. schon zum Begriff der Geovisualisierung geführt hat). Dieser interdisziplinäre Ansatz muss sicherlich noch weiter gefördert werden und bis in nicht technische Bereiche wie z.B. Rechtswissenschaften (zum Thema Kartenrecht) oder Wahrnehmungspsychologie (zum Thema Usability) hinein reichen.

7 Status Quo der Geoinformatik und Ausblick

Geoinformatik ist kein geschützter Begriff. Die Anwendungsmöglichkeiten der Geoinformatik sind außerordentlich vielfältig, ihre Herkunft ist interdisziplinär. Daher wird der attraktive Begriff Geoinformatik von den unterschiedlichsten Fachdisziplinen verwendet, oftmals davon leider irreführend. Salopp formuliert muss es heißen, „wo Geoinformatik draufsteht, muss mehr als GIS drin sein". Zwar entsprangen wesentliche Entwicklungen in der Geoinformatik aus den etablierteren Wissenschaftsdisziplinen wie Geodäsie, Geographie, Fernerkundung oder Kartographie; nach einer nunmehr etwa zwanzigjährigen Entwicklung ist es allerdings notwendig, dass die Geoinformatik ihre eigenen Inhalte und Forschungsfelder definiert. Folgerichtig traf sich im September 2005 eine Gruppe von Hochschullehrern zu einem Expertengespräch über den Forschungsfokus einer wissenschaftlichen Disziplin Geoinformatik. Anlass zu diesem Gespräch gab die Analyse, dass im Bereich der raumbezogenen Informationsverarbeitung ein neues Forschungsparadigma zu entwickeln wäre, welches breite Entwicklungen aus Wirtschaft, Politik und Gesellschaft aufnimmt und reflektiert.

7.1 Die Bonner Erklärung und die Gründung der Gesellschaft für Geoinformatik

Bonner Erklärung zur Geoinformatik

Politik, Wirtschaft und Gesellschaft setzen hohe Erwartungen in Nutzung und Wertschöpfung aus der Verarbeitung von Geoinformationen. So stellte die Bundesregierung bereits im Jahre 2005 fest, dass „[...] Geoinformationen und insbesondere digitale Geoinformationen ein Wirtschaftsgut von herausragender Bedeutung darstell[en], weil sie als Produktionsfaktoren am Markt gehandelt werden und die Hälfte aller Wirtschaftszweige Geoinformationen direkt oder indirekt für ihre Arbeit nutzt". Die *Bonner Erklärung zur Geoinformatik* stellt dazu fest, dass die Technologie der Geoinformatik von den Wissensinseln der Spezialisten in die breite alltägliche Anwendung diffundiert. Unter anderem hält sie fest, dass

➲ www.gfgi.de

- einfache internetbasierte Kartenservices heutzutage pro Tag mehr Karten produzieren, als zuvor in der Menschheitsgeschichte gezeichnet oder gedruckt wurden;
- Standard-Datenbanken und webbasierte Plattformen raumbezogene Datentypen und Verarbeitungsverfahren integrieren;
- Geoinformationstechnologie in Alltagsgegenstände wie Autos, Mobiltelefone und Kameras integriert werden;
- Suchmaschinen und Internetportale Geoinformation, Kartendienste und Navigation integrieren;

- Industrie- wie Entwicklungsländer, internationale Organisationen, die deutschen Bundesländer und viele Regionen beträchtliche Anstrengungen zum Aufbau von Geodateninfrastrukturen unternehmen.

Ausgehend davon fordert die Bonner Erklärung eine Neuausrichtung der Geoinformatik als „grundlegende Wissenschaft virtueller Welten". In ihr werden Algorithmen, Analysen und Modelle implementiert, um als Entscheidungs- und Handlungsgrundlage in der realen Welt zu dienen. Geoinformation ist Planungs- und Orientierungsinformation, wobei Positionen im Raum als Schnittstelle zwischen dem Cyberspace raumbezogener Informationen und dem realen Handlungsraum der Gesellschaft (*Connecting through location*) fungieren.

Gesellschaft für Geoinformatik

Ergebnis dieser in wissenschaftlichen Kreisen intensiv und teilweise kontrovers diskutierten Bonner Erklärung war zum einen ein erweitertes Expertengespräch, welches durch die Deutsche Forschungsgemeinschaft (DFG) organisiert wurde, und zum anderen die Gründung der *Gesellschaft für Geoinformatik* (GfGI) im November 2006. Die GfGI versteht sich als die wissenschaftlich-technische Gesellschaft, die im deutschsprachigen Raum die Geoinformatik pflegt, deren Entwicklung, Vervollkommnung und Verbreitung fördert und zur Anwendung in den verschiedenen Zweigen der Wissenschaft, Technik und Gesellschaft beiträgt. Die GfGI ist eine trinationale Gesellschaft mit Mitgliedern aus Deutschland, Österreich und der Schweiz. In ihr sind Wissenschaftler vertreten, die in der Geoinformatik, aber auch in der Geographie, in der Geodäsie, in der Informatik oder anderen Disziplinen arbeiten, die sich der Verarbeitung von Geoinformationen widmen. Allen ist gemein, dass sie die Geoinformatik als wissenschaftliche Disziplin etablieren und ihre Anerkennung im wissenschaftlich-technischen und politisch-wirtschaftlichen Raum erreichen wollen. Die GfGI beteiligt sich initiativ an wissenschaftlichen Konferenzen, wie der deutschen Geoinformatik-Tagung oder der österreichischen AGIT-Konferenz. Ein wichtiges Ergebnis ihrer Arbeiten stellt das *Kerncurriculum Geoinformatik* dar, welches die Mindestinhalte definiert, die in einem Bachelor-Studiengang Geoinformatik behandelt werden müssen (Abschnitt 7.2).

7.2 Das Kerncurriculum Geoinformatik

➲ SCHIEWE (2009)

Das *Kerncurriculum Geoinformatik* definiert *Kompetenzen*, die von Absolventen eines „reinen" Bachelor-Studienganges Geoinformatik verlangt werden sollen. Es entstand nach intensiven Diskussionen auf verschiedenen Geoinformatik-Tagungen in den Jahren 2007 bis 2009 und wurde anlässlich der Tagung „Geoinformatik2009" auf der Mitgliederversammlung der GfGI am 2. April 2009 einstimmig beschlossen. Damit existiert erstmalig ein Kerncurriculum für das Fach Geoinformatik, welches die Kompetenzen definiert, d.h. die Gesamtheit von Kenntnissen, Fähigkeiten und Fertigkeiten, die Lernenden in der Disziplin Geoinformatik vermittelt werden sollen.

Das Kerncurriculum ist dabei in die vier Bereiche Grundlagenkompetenzen, Fachkompetenzen, Anwendungskompetenzen und Schlüsselkompetenzen (*Softskills*) untergliedert. Darunter wird je nach Bedeutung (d.h. insbesondere für die Fachkompetenzen) eine weitere Ebene zur inhaltlichen Strukturierung eingebaut.

Grundlage-kompetenzen

Zu den Grundlagekompetenzen, die Studierende erwerben müssen, gehören zunächst grundlegenden Kenntnisse der *Mathematik* (wie z.B. aus der Geometrie, der Algebra, der Topologie oder Graphentheorie), weitere grundlegende Kenntnisse werden für die *Statistik* gefordert (Wahrscheinlichkeitstheorie, Fehlerfortpflanzung und Testverfahren). Für die *Informatik* wird gefordert, dass Studierende Kenntnisse über die notwendigen Informatik-Werkzeuge erlangen. Dazu gehört die Fähigkeit raumbezogene Probleme zu formalisieren, Methoden und Werkzeuge auf raumbezogene Daten anwenden zu können sowie Kenntnisse in Datenbanken und Programmiersprachen. Im *Geobereich* wird die Kenntnis von Raumbezugsystemen (Erdfigur, Kartenprojektionen) und Kenntnis von Basistechniken aus der *Geodäsie, Fernerkundung, Geographie* oder *Geologie* gefordert. Darüber hinaus betont das Kerncurriculum auch die Notwendigkeit der interdisziplinären Zusammenarbeit.

Fachkompetenzen

Die Beschreibung der Fachkompetenzen folgt dem ebenfalls in diesem Textbuch vorgestellten EVAP-Prinzip. Sie gliedert sich in die Erfassung, das Management, die Analyse und die Kommunikation von Geodaten, was im EVAP-Modell der Eingabe, der Verwaltung, der Analyse und der Präsentation von Geoinformation entspricht.

Anwendungs-kompetenzen

Aufbauend auf diese Fachkompetenzen steht die Fähigkeit im Vordergrund, Geoinformatik als Schnittstelle zwischen Informatik und Anwendungsdisziplin zu verstehen. Ein Absolvent eines Geoinformatikstudiums muss in der Lage sein, sich in verschiedene Anwendungsfelder der Geoinformatik (z.B. Planung, Umwelt, Geographie, Geologie) einarbeiten und die Geoinformatik darin anwenden zu können. Kernkompetenz ist die Lösung räumlicher Fragestellungen mittels Geoinformatik-Techniken.

Schlüssel-kompetenzen

Schlüsselkompetenzen von Geoinformatikern werden insbesondere darin gesehen, fachliche Diskurse mit Geoinformatiknutzern führen zu können, als Teil eines Teams zu agieren, interdisziplinäre Kooperationen anzustoßen und zu koordinieren sowie Projekte im Geoinformatikumfeld erfolgreich zu planen und durchzuführen.

Bei allen vorgestellten Kompetenzen unterscheidet das Kerncurriculum zwischen Kernkompetenzen und erweiterten, optionalen Kompetenzen, womit die Möglichkeit gegeben ist, spezielle Fähigkeiten zu vertiefen und auszubauen. Das Kerncurriculum besitzt als Anspruch, eine Informationsquelle und Referenz sowohl für Studierende als auch für Lehrende der Geoinformatik zu sein. Es ermöglicht damit eine sachliche Grundlage zur Diskussion über den Stand und die Entwicklung des Faches Geoinformatik. Tab. 7-1 fasst die Ebenen des Geoinformatik-Kerncurriculum tabellarisch zusammen.

Tab. 7-1: Kompetenzen im Kerncurriculum Geoinformatik

Grundlagenkompetenzen aus folgenden Fächern	Fachkompetenzen im Umgang mit Geodaten	Anwendungs-kompetenzen	Schlüssel-kompetenzen
Mathematik (u.a. Geometrie, Algebra, Matrizenrechnung, Topologie, Graphentheorie) *Statistik* (u.a. Wahrscheinlichkeitstheorie, Zufallsprozesse, Fehlerfortpflanzung, Korrelation, Regression, Fehlerbetrachtung, Vertrauensbereiche, Ausgleichsrechnung) *Informatik* (u.a. Abstraktions- und Formalisierungsfähigkeiten, Software Engineering, Algorithmen, Programmierung, Datenbanken) *Geowissenschaften* (u.a. Eigenschaften von Raumbezugssystemen, Erdfigur, fachspezifische Wahrnehmung und Strukturierung des Raumes aus Sicht der Geodäsie, Fernerkundung, Geographie, Geologie u.a.)	*Erfassung* von Geodaten (u.a. Erfassung von Geodaten aus Vermessungswesen, Photogrammetrie und Fernerkundung, Geographie und Geowissenschaften, Verfügbarkeit amtlicher und privatwirtschaftlicher Geodatenquellen, Datenharmonisierung, Qualitätsbeurteilung) *Management* von Geodaten (u.a. Speicherung, Modellierung und Integration von Geodaten, Geodatenbanken, Geodateninfrastrukturen, Web-Technologien, GIS) *Analyse* von Geodaten (u.a. Objekt- und Feldansatz, Datenselektionen, Verschneidungs- und Overlay-Funktionen, weitere lokale, fokale, zonale und globale Operationen, Map Algebra, topologische Relationen) *Kommunikation* von Geodaten (u.a. kartographische Darstellungen und Generalisierung, Kartenprojektion, Geovisualisierung, Multimedia-Darstellungen)	Geoinformatik als *Schnittstelle* zwischen Informatik und Anwendungsdisziplinen Lösung *räumlicher Fragestellungen* Einarbeitung in verschiedene *Anwendungsfelder* Einführung von *GI-Systemen* in Institutionen	Fachlicher *Diskurs* mit Geoinformatik-Nutzern *Teamfähigkeit* *Interdisziplinäre* Kooperation Schriftliche und mündliche *Kommunikationsfähigkeit* in Deutsch und Englisch

7.3 Studium der Geoinformatik

➲ www.gfgi.de

Betrachtet man Informationen zu Hochschulen und Universitäten, die Geoinformatik- oder geoinformatiknahe Studiengänge anbieten, ist die Vielfalt der jeweiligen Bezeichnungen beeindruckend. „Echte" Bachelor-Studiengänge in „reiner" Geoinformatik gibt es beispielsweise an den Universitäten in Osnabrück und Münster. Fachhochschulstudiengänge in Geoinformatik werden zum Beispiel von der Hochschule Neubrandenburg, der Hochschule Anhalt, der Fachhochschule Mainz und der Jade Hochschule in Oldenburg angeboten. Darüber hinaus sind viele verschiedene Bezeichnungen wie Geographic Information Science and Systems (Universität Salzburg), Geomatics Engineering and Geomatics Science (TU Graz), Geoinformation und Kommunaltechnik (FH Frankfurt) und weitere sogenannte „und"-Studiengänge an deutschsprachigen Universitäten vertreten. Besonders beliebt sind dabei Kombinationen von „Geoinformatik und Vermessung" bzw. „Geoinformatik und Geodäsie" oder umgekehrt, wie z.B. an den Universitäten Bonn, Hannover und anderen klassischen Studienorten der Geodäsie. Inwieweit diese Studiengänge ein Berufsbild vermitteln, welches wirklich mit einem Geoinformatik-Studium verknüpft ist, wäre noch zu untersuchen. Ein Geodäsie-Studium ist in der Regel klar definiert und seit der Entwicklung des Geoinformatik-Kerncurriculums sind die Mindestinhalte eines Geoinformatik-Studiums definiert. Welche Teilmengen der Geodäsie/Vermessung und der Geoinformatik in einem kombinierten Studium vermittelt werden, gilt es noch eingehend zu untersuchen. Die GfGI hat sich zum Ziel gesetzt, auch hier die Ansprüche an ein Neben- bzw. Doppelfach Geoinformatik zu definieren.

7.4 Weitere Gesellschaften mit Geoinformatik-Relevanz

Die Gesellschaft für Geoinformatik ist zwar die einzige Fachgesellschaft, die sich nur für die Geoinformatik zuständig fühlt, aber auch andere Gesellschaften vertreten Teilgebiete der Geoinformatik. So vertritt die *Deutsche Gesellschaft für Photogrammetrie, Fernerkundung und Geoinformation (DGPF)* insbesondere die Geodaten-Erfassungskomponente. Der *Deutsche Verein für Vermessungswesen (DVW)* bezeichnet sich als „Gesellschaft für Geodäsie, Geoinformation und Landmanagement". Er ist Veranstalter der INTERGEO, der weltweit größten Kongressmesse für den Geo-Bereich. Die *Deutsche Gesellschaft für Kartographie (DGfK)* bezieht sich in ihrem Namen zwar nicht auf Geoinformation, aber ihre Fachzeitschrift *Kartographische Nachrichten* besitzt als Untertitel „Fachzeitschrift für Geoinformation und Visualisierung". Während DGPF und DVW vorwiegend für die Eingabe-Komponente des EVAP-Models stehen, vertritt die DGfK im Wesentlichen die dazugehörige Präsentationskomponente. Erstaunlich mutet an, dass innerhalb der Geographie in Deutschland die Geoinformatik offensichtlich keine große Rolle spielt. Dies sieht im internationalen Raum (insbesondere in den USA und Großbritannien) vollständig anders aus. In der *Deutschen Gesellschaft für Geographie (DGfG)* existiert zwar ein Arbeitskreis zum Thema „Geographische Informationssysteme", jedoch keine Auseinandersetzung mit der Disziplin Geoinformatik. Dies mag auch daran liegen, dass die Geoinformatik-Spezialisten der Geographie Mitglieder der Gesellschaft für Geoinformatik geworden sind.

Festzustellen bleibt, dass die Geoinformatik sich seit ihren ersten Ansätzen vor 20 Jahren rasant weiter entwickelt hat und als eine der Wachstumsdisziplinen für die Zukunft anzusehen ist. Durch ihren interdisziplinären Hintergrund ist sie hervorragend in der Lage, komplexe raumbezogene Fragestellungen zu bearbeiten und auch in der Zukunft integrativ zu lösen. Ein Studium der Geoinformatik vermittelt die Fähigkeiten, für die wissenschaftlichen, technischen und gesellschaftlichen Probleme der Zukunft gerüstet zu sein.

Zitierte Literatur (Bücher und Zeitschriften)

Albertz, J., 2009. *Einführung in die Fernerkundung: Grundlagen der Interpretation von Luft- und Satellitenbildern*. 4. Aufl., Wissenschaftliche Buchgesellschaft, Darmstadt.

Albertz, J. & Wiggenhagen, M., 2009. *Taschenbuch zur Photogrammetrie und Fernerkundung: Guide for Photogrammetry and Remote Sensing*. 5. Aufl., Wichmann-Verlag, Heidelberg.

Andrienko, N. & Andrienko, G., 2005. *Exploratory Analysis of Spatial and Temporal Data – A Systematic Approach*. Springer-Verlag, Heidelberg.

Andrienko, G., Andrienko, N., Fischer, R., Mues, V. & Schuck, A., 2006. Reactions to geovisualization: an experience from a European project. *International Journal of Geographical Information Science*, 20(10): 1149–1171.

Andrienko, G., Andrienko, N., Dykes, J., Fabrikant, S.I. & Wachowicz, M., 2008. Geovisualization of dynamics, movement and change: key issues and developing approaches in visualization research. *Information Visualization*, 7(3–4): 173–180.

Aronoff, S., 1991. *Geographic Information Systems: A Management Perspective*, WDL Publication, Ottawa.

Bartelme, N., 2005, *Geoinformatik: Modelle, Strukturen, Funktionen*. 4. Aufl., Springer-Verlag, Heidelberg.

Behncke, K., Hoffmann, K., de Lange, N. & Plass, C., 2009. Web-Mapping, Web-GIS und Internet-GIS – ein Ansatz zur Begriffserklärung, *Kartographische Nachrichten:* 59(6): 303–308.

Bertin, J., 1983: *Semiology of Graphics: Diagramms, Networks, Maps*. University of Wisconsin Press, Madison.

Bill, R. & Zehner, M., 2001. *Lexikon der Geoinformatik*, Wichmann-Verlag, Heidelberg.

Bollmann, J. & Müller, A., 2003. Empirisch-methodische Forschungsansätze zur kartographischen Modellierung Virtueller Landschaften. *Kartographische Nachrichten*, 53(6): 270–276.

Brewer, C.A., 1994. Color Guidelines for Mapping and Visualization. In: MacEachren, A.M. & Taylor, D.R.F. (Hrsg.): *Visualization in modern cartography*. Pergamon-Verlag, Oxford, 123–148.

Brinkhoff, T., 2008. *Geodatenbanksysteme in Theorie und Praxis – Einführung in objektrelationale Geodatenbanken unter besonderer Berücksichtigung von Oracle Spatial*, 2. Aufl., Wichmann Verlag, Heidelberg.

Brodlie, K., 2005. Models of Collaborative Visualization. In: Dykes, J., MacEachren, A.M. & Kraak, M.-J. (Hrsg.): *Exploring Geovisualization*. Elsevier, Amsterdam, 463–476.

Brodlie, K., Fairbairn, D., Kemp, Z. & Schroeder, M., 2005. Connecting People, Data and Resources – Distributed Geovisualization. In: Dykes, J., MacEachren, A.M. & Kraak, M.-J. (Hrsg.): *Exploring Geovisualization*. Elsevier, Amsterdam, 425–444.

Buchroithner, M.F., 2007. Echtdreidimensionalität in der Kartographie: Gestern, heute und morgen. Kartographische Nachrichten, 57(5): 239–248.

Buziek, G., 2003. *Eine Konzeption der kartographischen Visualisierung*. Habilitationsschrift, Universität Hannover.

Cartwright, W., Peterson, M.P. & Gartner, G., 2007. *Multimedia Cartography*. 2. Aufl., Springer-Verlag, Heidelberg.

Codd, E.F., 1970. The Relational Model for Database Management, Addison-Wesley, Reading.

Congalton, R.G. & Green, K., 2009. *Assessing the Accuracy of Remotely Sensed Data – Principles and Practices*, 2. Aufl., CRC Press, Berkeley.

Coors, V. & Zipf, A. (Hrsg.), 2005. 3D-Geoinformationssysteme. Wichmann-Verlag, Heidelberg.

Coppin, P., Jonckheere, I., Nackaerts, K. & Muys, B., 2003. Digital change detection methods in ecosystem monitoring: A review. *International Journal of Geographical Information Science*, 24: 1–33.

Dickmann, F., 2005. Vom Web-Mapping zur „Remote Cartography"? – Die Nutzungsmöglichkeiten von Fremdrechnern zur Kartenkonstruktion im Internet. *Kartographische Nachrichten,* 55(2): 76–82.

Diez, D., Rösler-Goy, M., Schmid, W. & Seyfert, E., 2009. Schutz des Persönlichkeitsrechts bei der Verarbeitung von Geodaten. *Zeitschrift für Vermessungswesen,* 134(6): 357–362.

Dijkstra, E.W., 1959. A note on two problems in connexion with graphs, *Numerische Mathematik:* (1): 269–271

Dollinger, F., 1989. Wie kam die Geographie zum GIS? In: Dollinger, F. & J. Strobl (Hrsg.): *Angewandte Geographische Informationstechnologie,* Salzburger Geographische Materialien, 13, Salzburg.

Döllner, J., 2005. Geovisualization and Real-Time 3D Computer Graphics. In: Dykes, J., MacEachren, A.M. & Kraak, M.-J. (Hrsg.): *Exploring Geovisualization.* Elsevier, Amsterdam: 325–344.

Dransch, D., 1999. The use of different media in visualizing spatial data. *Computer and Geosciences* (Special Issue: Geoscientific Visualization), 26: 5–9.

Dutton, G., 1999. *A hierarchical coordinate system for geoprocessing and cartography,* Lecture Notes in Earth Science 79, Springer-Verlag, Berlin.

Dykes, J., MacEachren, A.M. & Kraak, M.-J., 2005. *Exploring Geovisualization.* Elsevier, Amsterdam.

Ebinger, S. & Skupin, A., 2007. Comparing Different Forms of Interactivity in the Visualization of Spatio-Temporal Data. *Kartographische Nachrichten,* 57(2): 63–70.

Egenhofer, M.J. & Mark, D.M., 1995. Modeling Conceptual Neighborhoods of Topological Relations. *International Journal of GIS,* 9(5): 555–565.

Ehlers, M., 1993. Integration of GIS, Remote Sensing, Photogrammetry and Cartography: The Geoinformatics Approach. *Geo-Informations-Systeme (GIS),* 6 (5): 18–23.

Ehlers, M. 2006. Geodateninfrastrukturen, in: Traub, K.P. & Kohlus, J. (Hrsg.): *GIS im Küstenzonenmanagement: Grundlagen und Anwendungen,* Wichmann Verlag, Heidelberg: 138–149.

Ellsiepen, I. & Morgenstern, M., 2007. Der Einsatz des Bildschirms erweitert die kartographischen Gestaltungsmittel. *Kartographische Nachrichten,* 57(6): 303–309.

Estes, J.F., 1991. Persönliche Mitteilung.

Fabrikant, S.I., 2005. Towards an understanding of geovisualization with dynamic displays. *Proceedings, American Association for Artificial Intelligence (AAAI) 2005 Spring Symposium Series: Reasoning with Mental and External Diagrams: Computational Modeling and Spatial Assistance.* Stanford University, Stanford, CA, Mar. 21–23, 2005: 6–11.

Flacke, W., 2010. *Koordinatensysteme in ArcGIS: Praxis der Transformationen und Projektionen.* 2. Aufl., Points Verlag, Norden.

Fuhrmann, S., MacEachren, A.M. & Cai, G., 2008. Geoinformation technologies to support collaborative emergency management. *Digital Government: Advanced Research and Case Studies,* Springer: 395–420.

Fürst, J., 2004. *GIS in Hydrologie und Wasserwirtschaft.* Wichmann-Verlag, Heidelberg.

Gagnon, P. & Coleman, D.J., 1990. Geomatics: An Integrated, Systemic Approach to Meet the Needs for Spatial Information. *Canadian Institute of Surveying and Mapping Journal.* 44(4): 377–382.

Gartner, G., Bennett, D., Morita, T., 2007. Towards Ubiquitous Cartography. *Cartography and Geographic Information Science,* 34(4): 247–257.

Glander, T., Kramer, M. & Döllner, J., 2010. Erreichbarkeitskarten zur Visualisierung der Mobilitätsqualität im ÖPNV. *Kartographische Nachrichten,* 60(3): 137–143.

Gröger, G., 2000. *Modellierung raumbezogener Objekte und Datenintegrität in GIS,* Wichmann Verlag, Heidelberg.

Hake, G., Grünreich, D. & Meng, L., 2001. *Kartographie. Visualisierung raum-zeitlicher Informationen,* 8. Auflage. Verlag de Gruyter, Berlin.

Harding, C., Kakadiaris, I.A., Casey, J.F. & Loftin, R.B., 2002. A Multi-Sensory System for the Investigation of Geoscientific Data. *Computers & Graphics.* 26: 259–269.

Harrower, M. & Fabrikant, S., 2008. The Role of Animation for Geographic Visualization. In: Dodge, M., McDerby, M. & Turner, M. (Hrsg.): *Geographic Visualization – Concepts, Tools and Applications.* Wiley: 49–66.

Harzer, B., 2010. *GIS-Report*. Harzer-Verlag, Karlsruhe.

Hassenzahl, M. & Tractinsky, N., 2006. User experience – a research agenda. *Behaviour & Information Technology*, 25(2): 91–97.

Heil, R.J. & Brych, S.M., 1978. An approach for consistent topographic representation of varying terrain, *Proceedings of the Digital Terrain Models (DTM) Symposium*, Falls Church, VA, ASP und ACSM: 408.

Henkel, J., 2007. *Offene Innovationsprozesse – Die kommerzielle Entwicklung von Open-Source-Software*. Deutscher Universitäts-Verlag, Wiesbaden.

Huxhold, W.E., 1991. *An Introduction to Urban Geographic Information Systems,* Oxford University Press, New York.

International Hydrographic Organization, 2005. *Manual on Hydrography*. Monaco.

Jakobsson, A., 2003. *Reference Data Sets and Feature Types in Europe – Final Draft Results of the Questionnaire*, EuroSpec Workshop 2, Paris, Marne-la-Vallée.

Jansen, M. & Adams, T., 2010. *OpenLayers – Webentwicklung mit dynamischen Karten und Geodaten*, Open Source Press, München.

Kahmen, H., 2005. *Angewandte Geodäsie: Vermessungskunde*. 20. Aufl., Verlag de Gruyter, Berlin.

Kersten, T., 2006. Kombination und Vergleich von digitaler Photogrammetrie und terrestrischem Laserscanning für Architekturanwendungen. *Publikationen der Deutschen Gesellschaft für Photogrammetrie, Fernerkundung und Geoinformation e.V.,* 15: 247–254.

Kersten, T., Sternberg, H., Mechelke, K. & Lindstaedt, M., 2008. Datenfluss im terrestrischen Laserscanning – Von der Datenerfassung bis zur Visualisierung. *Terrestrisches Laserscanning (TLS2008), Schriftenreihe des DVW,* Band 54, Beiträge zum 79. DVW-Seminar am 6. und 7. November 2008 in Fulda, Wißner-Verlag, Augsburg: 31–56.

Klimsa, P., 2002. Multimedianutzung aus psychologischer und didaktischer Sicht. In: Issing, L.J. & Klimsa, P. (Hrsg.): *Information und Lernen mit Multimedia und Internet*. 3. Auflage, Verlagsgruppe Beltz: 5–18.

Kraak, M.-J., 2008. Geovisualization and Time – New Opportunities for the Space-Time Cube. In: Dodge, M., McDerby, M. & Turner, M. (Hrsg.): *Geographic Visualization – Concepts, Tools and Applications*. Wiley: 293–306.

Kraus, K., 2004. *Photogrammetrie 1: Geometrische Informationen aus Photographien und Laserscanneraufnahmen*. Verlag de Gruyter, Berlin.

Kreitlow, S., Brettschneider, A., Jahn, C.H. & Feldmann-Westendorff, U., 2010. ETRS89/UTM – Der Bezugssystemwechsel und die Auswirkungen auf die Geodatennutzung. *Kartographische Nachrichten*, 60(4): 179–187.

Kropla, B., 2005. *MapServer: Open Source GIS Development*, Apress-Verlag. New York City.

Krygier, J.B. (1994): Sound and Geographic visualization. In: MacEachren, A.M. & Taylor, D.R.F. (Hrsg.): *Visualization in modern cartography*. Pergamon-Verlag: 149–166.

Kst. GDI-DE (Arbeitskreis Architektur der GDI-DE und Koordinierungsstelle GDI-DE; Hrsg.), 2010. *Architektur der Geodateninfrastruktur Deutschland*, Version 2.0; als PDF verfügbar unter: http://www.gdi-de.org/download/AK/A-Konzept_v2_100909.pdf

Kst. GDI-DE (Koordinierungsstelle Geodateninfrastruktur Deutschland; Hrsg.), 2008. *Geodatendienste im Internet – ein Leitfaden*, 2. überarbeitete Aufl.; als PDF verfügbar unter: http://www.imagi.de/download/flyer_broschueren/Geodienste_Leitfaden_2Aufl.pdf.

Lang, S. & Blaschke, T., 2008. *Landschaftsanalyse mit GIS*. Verlag Eugen Ulmer Stuttgart.

Lange, N. de, 2005. *Geoinformatik in Theorie und Praxis*. 2. Aufl., Springer-Verlag, Heidelberg.

Lodha, S.K., Joseph, A.J., & Renteria, J.C., 1999. Audio-visual data mapping for GIS-based data: an experimental evaluation. *Proceedings of the 1999 workshop on new paradigms in information visualization and manipulation in conjunction with the eighth ACM internation conference on Information and knowledge management*: 41–48.

Luhmann, T., 2010. *Nahbereichsphotogrammetrie: Grundlagen, Methoden und Anwendungen*. 3. Aufl., Wichman-Verlag, Heidelberg.

MacEachren, A.M., 1994. Visualization in Modern Cartography: Setting the Agenda. In: MacEachren, A.M. & Taylor, D.R.F. (Hrsg.): *Visualization in modern cartography*. Pergamon-Verlag, Oxford, 1–12.

MacEachren, A.M., 2004. Geovisualization for knowledge construction and decision support. *IEEE computer graphics and applications*, 24(1): 13–17.

Mackaness, W., Ruas, A. & Sarjakoski, I.T., 2007 (Hrsg.): *Generalization of Geographic Information: Cartographic Modelling and Applications*. Elsevier Press, Amsterdam.

Mansfeld, W., 2009. *Satellitenortung und Navigation: Grundlagen, Wirkungsweise und Anwendung globaler Satellitennavigationssysteme*. 3. Auflage, Verlag Vieweg+Teubner, Wiesbaden.

Matthews, V., 2003. *Vermessungskunde: Teil 1*. 29. Auflage, Verlag Vieweg+Teubner, Wiesbaden.

Mitchell, T., 2008. *Web Mapping mit Open Source-GIS-Tools*, O'Reilly, Köln.

Nielsen, J. & Landauer, T.K., 1993. A mathematical model of the finding of usability problems. *Proceedings of ACM INTERCHI'93 Conference* (Amsterdam, The Netherlands, 24–29 April 1993): 206–213.

Nivala, A.-M., Sarjakoski, L.T. & Sarjakoski, T., 2007. Usability methods' familiarity among map application developers. *International Journal Human of Computer Studies*, 65: 784–795.

Paelke, V. & Sester, M., 2010. Augmented paper maps: Exploring the design space of a mixed reality system. *ISPRS Journal of Photogrammetry and Remote Sensing*, 65(3): 256–265.

Ramm, F. & Topf, J., 2008. *OpenStreetMap – Die freie Weltkarte nutzen und mitgestalten*, Lehmanns Media, Berlin.

Reichenbacher, T., 2005. Adaptive Kartengestaltung für mobile Nutzer. *Kartographische Nachrichten*, 55(4): 175–180.

Roberts, J.C., 2005. Exploratory Visualization with Multiple Linked Views. In: Dykes, J., MacEachren, A.M. & Kraak, M.-J. (Hrsg.): *Exploring Geovisualization*. Elsevier: 159–180.

Schiewe, J., 2009. Kerncurriculum Geoinformatik - Notwendige Grundlage für Studierende, Lehrende und Arbeitgeber. *GIS.Science, (4): 137–141*.

Seeber, G., 1989. *Satellitengeodäsie*. Verlag de Gruyter, Berlin.

Sester, M., 2008. Multiple representation databases. In: Li, Z., Chen, J. & Baltsavias, E. (Hrsg.): *Advances in Photogrammetry, Remote Sensing and Spatial Information Science*, Taylor and Francis Group, London.

Shneiderman, B., 1996. The eyes have it: a task by data type taxonomy for information visualizations. *Proceedings of the 1996 IEEE Symposium on Visual Languages* (Piscataway: IEEE Computer Society Press): 336–343.

Slocum, T.A., Blok, C., Jiang, B., Koussoulakou, A., Montello, D.R., Fuhrmann, S. & Hedley, N.R., 2001. Cognitive and usability issues in geovisualization. *Cartography and Geographic Information Science*, 28(1): 61–75.

Smith, M. de, Goodchild, M. & Longley, P., 2007. *Geospatial Analysis. A Comprehensive Guide to Principles, Techniques and Software Tools*, 2. Aufl., Troubador Publishing, Leicester.

Spiekermann, K., 2000. Eisenbahnreisezeiten 1870–2010 – Visualisierung mittels eines interaktiven Computerprogramms. *Kartographische Nachrichten*, 50(6): 265–274.

Stoll, H. & Borys, G., 2007. Color-Management-Systeme, digitale Proofs und standardisierter Druck in der Kartographie. *Kartographische Nachrichten*, 57(1): 3–15.

Thomas, J.J. & Cook, K., 2005. *Illuminating the Path: The Research and Development Agenda for Visual Analytics*. Los Alamitos, CA. IEEE Computer Society.

van der Meer, F.D. & de Jong , S., 2001: *Imaging Spectrometry, Basic Principles and Prospective Applications*, Dodrecht, Kluwer Academic Publishers.

Vosselman, G. & Maas, H.-G., 2010. *Airborne and Terrestrial Laser Scanning*. CRC Press.

Weibel, R. & Burghardt, D., 2008. On-the-fly Generalization. In: Shekhar, S. & Xiong, H. (Hrsg.). *Encyclopedia of GIS*, Springer-Verlag: 339–344.

Zhao, H., Shneiderman, B., Plaisant, C. & Lazar, J., 2008. Data sonification for users with visual impairments: A case study with geo-referenced data. *ACM Transactions on Computer Human Interaction 15*, 1, Article 4.

Zitierte Internetquellen

Coordinate Reference Systems in Europe (Bundesamt für Kartographie und Geodäsie): www.crs-geo.eu

Geodateninfrastruktur Deutschland GDI-DE: http://www.gdi-de.org/
Geoportal.bund: http://geoportal.bkg.bund.de
GEOSS: www.epa.gov/geoss
GMES: www.gmes.info
Google: www.google.com
Google Earth: http://earth.google.com
Google Maps: http://maps.google.de
INSPIRE: www.ec-gis.org/inspire und http://inspire.jrc.ec.europa.eu/
International Organization for Standards (ISO): http://www.iso.org/iso/home.html
Open Geospatial Consortium (OGC): www.opengeospatial.org
OpenStreetMap (OSM): http://www.openstreetmap.org/ und http://www.openstreetmap.org/stats/data_stats.html
PostgreSQL: www.postgresql.de
Radroutenplaner Fahrradies: www.fahrradies.net
Wikipedia: www.wikipedia.de

Stichwortverzeichnis